KB109170

말문이 터지는
언어놀이
워크북

말문이 터지는 언어놀이 워크북 개정판

개정판 1쇄 발행 | 2023년 5월 15일

지은이 | 김지호
발행인 | 이종원
발행처 | (주)도서출판 길벗
출판사 등록일 | 1990년 12월 24일
주소 | 서울시 마포구 월드컵로 10길 56(서교동)
대표 전화 | 02)332-0931 | 팩스 · 02)323-0586
홈페이지 | www.gilbut.co.kr | 이메일 · gilbut@gilbut.co.kr

기획 및 책임편집 | 최준란(chran71@gilbut.co.kr) | **디자인** · 강은경 | **제작** · 이준호, 손일순, 이진혁
마케팅 · 이수미, 장봉석, 최소영 | **영업관리** · 김명자, 심선숙, 정경화 | **독자지원** · 윤정아, 최희창

편집진행 및 교정 · 장도영 프로젝트 | **전산편집** · 수디자인 | **일러스트** · 임필영 | **인쇄** · 대원인쇄 | **제본** · 경문제책사

ISBN 979-11-407-0436-1 03590
(길벗 도서번호 050208)

독자의 1초를 아껴주는 정성 길벗출판사
{{{ (주)도서출판 길벗 }}} IT실용, IT/일반 수험서, 경제경영, 취미실용, 인문교양(더퀘스트), 자녀교육 www.gilbut.co.kr
{{{ 길벗이지톡 }}} 어학단행본, 어학수험서 www.gilbut.co.kr
{{{ 길벗스쿨 }}} 국어학습, 수학학습, 어린이교양, 주니어 어학학습, 교과서 www.gilbutschool.co.kr

{{{ 페이스북 }}} www.facebook.com/gilbutzigy
{{{ 트위터 }}} www.twitter.com/gilbutzigy

말문이 터지는 언어놀이 워크북

2~5세 내 아이를 위한 두뇌발달 놀이법

김지호 지음

길벗

알 아 두 기

1. '적정 연령'은 해당 놀이의 기준이 되는 나이입니다. 개인차가 크니 아이의 발달 상황을 고려해 활용하세요.
2. '목표'는 해당 놀이를 하면서 어른이 들려주어야 할 말, 혹은 아이들로부터 끌어내야 할 말 표현입니다.
3. '준비물'은 해당 놀이를 위해 미리 마련할 것들입니다.
4. '연관 자료'는 《말문이 터지는 언어놀이》의 연관 페이지입니다. 《말문이 터지는 언어놀이》의 내용과 다를 수 있으며, 놀이에 따라 새롭게 추가된 부분이 있습니다.

+ 워크북을 내며 +

《말문이 터지는 언어놀이》를 출간하고 나서 놀이를 통한 언어 발달 촉진에 많은 분이 관심을 주셨습니다. 그중엔 책에 소개된 놀이법에 대해 좀 더 구체적으로 알고자 하는 분들도 있었어요. 그런 분들에게 놀이 과정을 상세히 적은 별도의 책이 있다면 큰 도움이 되겠다는 생각이 들었습니다.

그래서 이 책은 놀이 과정에 집중했습니다. 언어놀이에 필요한 정보를 요약해 이 책만으로도 부족함이 없도록 했어요. 또한 '함께 생각하고 더 이야기 나눠요'와 '전문가의 Tip'을 통해 아이의 반응을 이끌 방법을 확장할 수 있도록 했습니다.

이 책에 소개된 놀이들은 세상에 존재하는 무수한 놀이들 중 지극히 일부입니다. 아이와 함께 할 수 있는 놀이는 무궁합니다. 어른이나 아이나 놀다 보면 놀이 아이디어가 샘솟지요. 여러분도 이 책을 토대로 아이의 언어 발달을 도울 즐거운 놀이 아이디어를 찾을 수 있기를 바랍니다.

2023년에 언어치료사 김지호 드림

일상적인 놀이로 낱말을 익혀요

간단한 게임과 놀이로 문장을 익혀요

상황 놀이를 하며 문장으로 말해요

개월 수	● 언어의 이해　○ 언어의 표현　◆ 말 표현 예시
0~6개월	● 소리와 표정에 반응합니다. 소리 나는 쪽으로 고개를 돌리고 말하는 사람과 눈을 맞춥니다. 기쁜 표정, 슬픈 표정, 화난 표정 등을 이해하고 반응합니다. ○ 아직 조음기관이 미숙해서 낼 수 있는 말소리 종류가 많지 않습니다. 의미 없는 모음이나 입술을 이용한 소리 등을 냅니다(부, 푸, 뿌, 어, 아, 우 등). 기분에 따라 내는 소리가 다릅니다. ◆ "아아 아~", "푸~ 어푸~"
7~9개월	● 동작을 수반하는 간단한 표현 몇 가지를 이해하고 따라 합니다 : 고개를 돌리며 "도리도리" 하기, "짝짝짝" 하며 박수 치기, 손 흔들며 "빠이빠이" 하기 등. ● 동작을 수반하는 지시를 수행합니다 : 손을 내밀며 "주세요", 손짓을 하며 "이리 와요", 등을 내밀며 "어부바" 등. ● 부정적 지시어를 이해하고 반응합니다 : "하지 마", "안 돼", "지지!" 등. ○ 다양한 모음과 자음 소리(가, 다, 바 등)를 낼 수 있습니다. '엄마', '아빠'처럼 들리는 소리를 냅니다 : "아부", "아바", "빠빠", "음마" 등. ○ 소리로 감정, 욕구 등을 표현합니다. ◆ "어아", "가가", "바바", "음마", "압비"

10~12개월	● 말소리에 좀 더 집중합니다. 주변이 시끄러워도 말하는 사람을 바라봅니다. 자기에게 하는 말인지 남에게 하는 말인지 구분할 수 있습니다. ● 조금씩 어휘가 늘어납니다. 말만 듣고 간단한 동작을 수행할 수 있습니다 : "앉아요", "주세요", "일어나요", "이리 와요" 등. ● 말투로 상대방의 감정 상태를 이해하고 반응합니다. 또한 질문인지 아닌지 구분합니다 : "어디 있지?" 하고 말끝을 올리면 주위를 둘러봅니다. ○ 소리를 음절 단위로 모방할 수 있습니다. '눈', '코', '입' 같은 한 음절 낱말은 "느", "어", "이" 등과 같이, '엄마'나 '아빠' 같은 두 음절 표현은 "아아", "음머", "빠빠"와 같이 따라 합니다. 말 대신 몸짓을 사용하기도 합니다. ◆ "압바바", "맘마", "음머머", "어부바"
13~15개월	● 어른들의 일상적인 행동을 모방합니다 : 전화 거는 척, 세수하는 척, 물 마시는 척 등. ● 주양육자 이외의 가족 호칭을 이해합니다 : 할머니, 할아버지, 형, 동생 등. ● 간단한 심부름을 할 수 있습니다 : "저기 장난감 가져와요" 등. ● 무엇, 누구 등 간단한 질문에 대답합니다 : "이게 뭐야?", "저기 누구야?" 등. ○ 대답하기-상대에게 요구하기-부정하기 등 다양한 표현을 몸짓으로 보여줍니다 : 손으로 가리키기→'주세요', 손 흔들기→'안녕' '싫어', 고개 젓기→'안 해' '싫어', 끄덕이기→'좋아' '그거예요' 등. ○ 낱말 표현이 관찰됩니다. 일상 용품의 이름, 가족 호칭을 말하되 때로 불완전한 형태로 표현합니다 : "바바(바지)", "무(물)", "맘마(엄마)" 등. ◆ "엄마", "아빠", "할미", "합비", "아뜨", "맘마"

16~18개월

● 대상영속성이 발달해 눈에 보이지 않는 물건을 찾아서 가져올 수 있습니다. 집중력이 좋아져서 다른 사람이 얘기하면 하던 일을 멈추고 듣습니다.

● 사람의 몸과 관련한 다양한 어휘를 이해합니다.

● 상대와 나를 지시하는 말(너, 나)을 구별할 수 있습니다.

● 형태의 특성을 개념화해 사물, 사진, 그림과 연결 지을 수 있습니다 : 그림책에 등장하는 탁상시계를 보고 집에 걸린 벽걸이 시계를 가리킨다.

○ 엄마, 아빠 같은 가족 호칭을 능숙하게 사용합니다. 다양한 의성어를 사용합니다 : "빵빵", "붕붕", "어흥", "멍멍" 등.

○ 새로운 낱말을 익히고 사물의 이름을 말합니다. 말에서 억양이 느껴지고, 얼핏 문장처럼 길게 말합니다.

○ 혀의 뒤쪽을 사용하는 소리(ㄱ-ㅋ-ㄲ-ㅎ)를 표현합니다. 자음을 불완전한 형태로 모방합니다 : "하무니(할머니)", "하부지(할아버지)" 등.

◆ "이거", "으흥", "빠방", "엄마 이거", "아빠 무(물)", "엄마 맘마(밥)", "까까(과자나 사탕)"

19~21개월

● 특정 사물과 그 소유자를 의미하는 구절을 이해할 수 있습니다 : 엄마 바지, 아빠 안경, 언니 인형 등.

● 일상에서 쓰이는 간단한 동사를 10개 이상 이해합니다 : 주다, 받다, 앉다, 일어서다, 가다, 오다 등.

● 좀 더 길어진 지시 문장을 이해하고 수행합니다 : "손 씻고 밥 먹자", "바나나랑 사과 가져오세요" 등.

● 단순한 부정문을 이해합니다 : "먹어-안 먹어", "울어-안 울어", "가져와-안 가져와" 등.

○ 낱말과 낱말을 붙여 말하기 시작합니다 : "엄마 저거", "아빠 나" 등.

○ 감정을 표현하는 말을 사용합니다 : "좋아", "싫어", "미워" 등.

○ 말끝을 올려 질문형 표현으로 만들 수 있습니다.

◆ "이거 저(줘).", "엄마 저거.", "아빠 이떠(있어)?", "저기 가?", "아 네(안 해)."

22~24개월

- 사물의 형태와 느낌을 표현하는 형용사를 조금씩 알게 됩니다 : "아파", "좋아", "싫어", "커", "작아" 등.
- 시간의 전후 관계를 표현하는 말을 조금씩 알게 됩니다 : "이따가 해요", "나중에 먹어요" 등.
- 사물의 세부 구조를 가리키는 낱말을 이해합니다 : 차-바퀴, 비행기-날개, 문-손잡이, 시계-바늘 등.

- 신체적 욕구를 말로 표현합니다 : "배고파", "쉬이", "아파" 등.
- 일상적 동사를 사용하기 시작합니다.
- 부정적 표현을 사용할 수 있습니다 : "안 해", "아니야" 등.
- 호기심이 많아져 "뭐야?"라는 질문을 자주 하기 시작합니다.

◆ "이거 무야(뭐야)?", "여기 아파.", "멍멍이 먹어.", "꼬꼬야, 밥."

25~27개월

- 긴 문장을 듣고 이해하고 수행합니다 : "밖에 나가서 엄마랑 마트에 가자" 등.
- 얘기를 듣고 기억해 질문에 반응하거나 대답할 수 있습니다 : 동화책을 읽고 "누구?", "어디?" 등의 질문에 대답하거나 손으로 가리킨다.
- 수량을 표현하는 낱말을 이해합니다 : 하나, 둘, 셋 등.
- 일상적으로 쓰는 쉬운 동사 대부분을 알게 됩니다.

- 선택형 질문에 대답할 수 있습니다 : "사과 줄까, 바나나 줄까?" 등.
- 낱말을 두세 개 붙여서 문장처럼 사용합니다 : "엄마 아빠 자", "아빠 우유 여기" 등.
- 어휘가 늘어 '이거', '저거'보다 구체적인 이름을 사용합니다.
- 말 표현에 '~이/가'와 같은 조사가 포함되기 시작합니다.

◆ "이거 엄마가 해.", "아빠 빠방 간다.", "멍멍이가 했어.", "사람이가 많아."

28~30개월	● 복문장(조건이나 원인을 포함하는 문장)을 이해합니다 : "뛰어가면 다치니까 천천히 가자" 등. ● 말의 뉘앙스를 이해할 수 있습니다. 즉 같은 말이라도 억양에 따라 다른 뜻을 가진다는 점을 알게 됩니다 : "아유 잘하네–잘한다, 잘해" 등. ● 심부름을 좀 더 잘할 수 있습니다 : "누나 방에 가서 책과 노트 가져올래" 등. ○ 자신이 아는 어휘로 상태에 대해 설명할 수 있습니다. ○ 질문이 '누구?', '어디?' 등으로 좀 더 다양해집니다 : "아빠 어디 가?", "누가 먹어?" 등. ○ 시간에 대한 표현을 하기 시작합니다 : "아까 먹었어", "이따 해" 등. ◆ "엄마, 용찬이 다리가 힘들어떠(다리가 아파서 힘들었어).", "나은이가요, 칭구 꽝 아파더. 미안해 해떠(친구를 다치게 해서 미안하다고 했어요).", "아빠 저거 누가 해떠(아빠, 저거 누가 했어요)?"
31~33개월	● 사물의 특성을 이해해 차이를 나타내는 말을 이해합니다 : "이거랑 같은 거 찾아보자", "형 거랑 뭐가 다르지?" 등. ● 사물 간의 공통점을 이해해 간단한 직유적 표현을 이해합니다 : "저 나무는 꼭 사람처럼 생겼다", "와, 저 구름은 다람쥐 같아" 등. ● 사물의 쓰임새를 이해합니다 : "종이 자르는 거 뭐지?", "이 닦는 거 가져올래?" 등. ○ 발음이 점점 정확해집니다. ○ '나', '우리' 같은 대명사를 자주 사용합니다. ○ 형용사와 부사를 포함해 서너 개의 낱말로 이루어진 문장을 구사합니다. ○ 그림이나 사진을 보고 간단하게 설명할 수 있습니다. ◆ "내가 새쫑이 잔나서 해떠(색종이 잘라서 했어).", "빠이 가는데 다동자가 꽝 부디처떠(빨리 가는데 자동차가 꽝 부딪혔어–영화의 한 장면)."

34~36개월	● 사물의 상대적 위치를 뜻하는 말(위-아래-밑-앞-뒤 등)을 이해합니다. ● 비교 개념을 이해해 '~보다 더 ~하다' 식의 문장을 알 수 있습니다. ● 호칭의 포괄성을 이해해 이모, 아주머니, 아저씨가 한 사람이 아닌 여러 사람을 가리킬 수 있다는 점을 알게 됩니다.
	○ 설명을 잘할 수 있게 되어 과거의 경험을 말할 수 있습니다 : "□□랑 △△에서 ○○했어" 등. ○ 문장이 정교해지면서 복문장, 관형적 표현이 나타나기 시작합니다 : "아까 넘어져서 피 났어", "저기 노랑 버스 와" 등. ○ 추상적인 질문 '왜'를 사용해 원인을 물어봅니다 : "아기 왜 울어?" 등.
	◆ "엄마는 마트에 왜 안 가써(엄마는 마트에 왜 안 갔어)?", "어제 헌생니미 선무르 저써(어제 선생님이 선물을 주셨어).", "아저씨한테 가서 가자 주세요 해써(아저씨한테 가서 과자 주세요 했어)."

제 1 장

일상적인 놀이로 낱말을 익혀요

PLAY 01

몸으로 병뚜껑 나르기

작은 물건을 몸의 한 부분에 올리고 도착 지점까지 갑니다. 손을 사용하거나 물건이 몸에서 떨어지면 안 됩니다. 놀이를 하는 동안 자연스럽게 몸의 세부 명칭을 배울 수 있습니다. 몸에 대한 이해는 몸의 세부 명칭을 아는 것에서 시작합니다. 자, 그럼 누가 빨리 가나 내기를 해볼까요?

+ 적정 연령 + 29~32개월
+ 목 표 + 몸의 세부 명칭 들려주기
+ 준 비 물 + 병뚜껑이나 지우개 같은 작은 물건, 바구니
+ 연관 자료 + 《말문이 터지는 언어놀이》 49쪽

활동 몸으로 물건을 옮기며 쉬운 낱말을 익혀요

1. "병뚜껑을 배/어깨/허리에 올려요. 출발!"
2. "지우개를 목/가슴/등에 올려요. 출발!"
3. "양말을 무릎/손등/발등에 올려요. 출발!"
4. "__________을 __________에 올려요. 출발!"

활동 2 몸으로 물건을 옮기며 어려운 낱말을 익혀요

1. "병뚜껑을 정수리/뒷덜미에 올려요. 출발!"
2. "지우개를 코허리/종아리에 올려요. 출발!"
3. "양말을 겨드랑이/허벅지 사이에 끼워요. 출발!"
4. "손수건을 정강이/옆구리에 올려요. 출발!"
5. "____________을 ____________에 올려요. 출발!"

활동 3 난이도를 조절해요

1. 물건을 올려놓기 쉬운 부분부터: '손바닥—손등—팔꿈치—배—정수리—코' 순으로 해요.
2. 잘 떨어지지 않는 물건부터: '양말 한 짝—장갑—지우개—동전—연필—플라스틱 컵' 순으로 해요.
3. 목표 지점을 다양하게: '도착선 통과—큰 바구니—중간 바구니—작은 바구니' 식으로 해요.
4. 목표 거리를 조절하며: '아주 가깝게—조금 가깝게—멀게—더 멀게' 순으로 해요.
5. 다양한 동작으로: '일어서서—엎드려서—한 발 들고—한쪽 눈 감고' 식으로 해요.

전문가의 Tip

Q 아이가 흥미를 보이나요?

→ 너무 쉽거나 어렵지 않게, 혹은 아이가 할 수 있는 것보다 조금 어렵게 난이도를 조절하세요.

→ 신나는 음악을 들으며 해보세요.

→ 어른과 아이, 혹은 아이들끼리 경쟁할 수 있게 해주세요.

→ 성공할 때마다 과자 먹기, 놀이가 끝나면 〈뽀로로〉 보기 등 보상 기준을 정해요.

PLAY 02

우리 집 물건 제자리에 돌려놓기

장소와 물건을 연결하는 놀이입니다. 집 안의 공간을 세분화하는 말, 그 공간에 있는 물건들의 이름을 익혀요. 물건들의 용도까지 익힐 수 있다면 더 좋습니다. 실물 대신 그림 카드로 할 수도 있습니다.

+ **적정 연령** + 17~20개월
+ **목 표** + 집 안 장소와 물건 이름 들려주기
+ **준 비 물** + 상자, 넥타이, 공, 숟가락, 두루마리 휴지, 머리빗 등
+ **연관 자료** + 《말문이 터지는 언어놀이》 51쪽

활동 | **여러 물건 중에서 특정 장소에 맞는 물건을 찾아요**

집 안 여러 곳에서 그 장소를 대표하는 물건들을 모아 상자에 담습니다. 장소와 물건을 연결지어 질문을 하고 아이에게 그 물건을 찾게 합니다.

1. "안방 물건은 무엇일까요?" □ □ □ □ □
2. "화장실(욕실) 물건은 무엇일까요?" □ □ □ □ □
3. "부엌 물건은 무엇일까요?" □ □ □ □ □

④ "거실 물건은 무엇일까요?" □ □ □ □ □

⑤ "베란다 물건은 무엇일까요?" □ □ □ □ □

⑥ "______ 물건은 무엇일까요?" □ □ □ □ □

활동 2 한 번에 여러 물건을 찾아요

앞서 모아놓은 물건들 중에서 특정 장소에서 쓰이는 물건들을 찾게 합니다.

① "부엌 물건들은 무엇일까요?" □ □ □ □ □

② "안방 물건들은 무엇일까요?" □ □ □ □ □

③ "화장실(욕실) 물건들은 무엇일까요?" □ □ □ □ □

④ "거실 물건들은 무엇일까요?" □ □ □ □ □

⑤ "베란다 물건들은 무엇일까요?" □ □ □ □ □

⑥ "______ 물건들은 무엇일까요?" □ □ □ □ □

활동 3 함께 생각하고 더 이야기 나눠요

① 내가/가족이 가장 자주 쓰는 물건의 이름과 용도는 무엇일까요?

② 공구함에 있는 물건들의 이름과 용도는 무엇일까요?

③ 한 번 쓰고 버리는 물건의 이름과 용도는 무엇일까요?

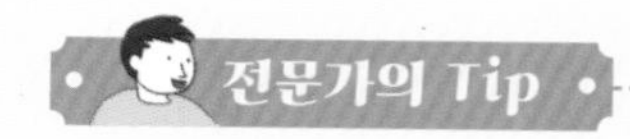

Q 아이가 흥미를 보이나요?

→ 흥미를 높이려면 물건을 직접 찾아보게 하세요. 누가 먼저 찾나 경쟁하면 더 즐겁게 할 수 있습니다.

PLAY 03

| 집안일 돕기 |

청소

집안일 중에서 청소와 관련된 표현을 익히는 놀이입니다. 어른이 청소하는 모습을 아이가 지켜보게 합니다. 간단한 청소는 같이 합니다. 어른이 도구를 사용하거나 몸을 움직이면서 무엇을 하는지를 말로 설명해주세요. 그러면 아이는 다양한 동사와 단순한 구조의 복문 표현을 익힐 수 있습니다.

+ 적정 연령 + 25~28개월
+ 목　　표 + 청소 도구 이름, 관련 동사 및 간단한 복문 표현 들려주기
+ 준 비 물 + 청소 도구
+ 연관 자료 + 《말문이 터지는 언어놀이》 54쪽

활동 | **청소하면서 문장으로 설명해요**

❶ 비질을 하며

— "빗자루를 꺼내요."

— "바닥을 쓸어요."

— "쓰레받기에 담아요."

— "휴지통에 버려요."

② 청소기를 사용하며

— "플러그를 꽂아요."

— "청소기를 켜요."

— "손잡이를 잡아요."

— "바닥을 밀어요."

— "청소기를 꺼요."

③ 걸레질을 하며

— "걸레를 물에 적셔요."

— "걸레를 빨아요."

— "걸레의 물기를 짜요."

— "바닥을 닦아요."

활동 2 간단한 복문으로 설명해요

① 비질을 하며

— "빗자루를 창고에서 꺼내요."

— "바닥을 쓸면서 쓰레받기에 담아요."

— "휴지통 뚜껑을 열고 쓰레기를 버려요."

— "먼지를 털어내고 제자리에 갖다놓아요."

② 청소기를 사용하며

— "플러그를 콘센트에 꽂아요."

— "전원 버튼을 눌러서 청소기를 켜요."

— "손잡이를 잡고 앞으로 밀어요."

— "청소기를 끄고 플러그를 빼요."

③ 걸레질을 하며

— "물을 틀고 걸레를 물에 적셔요."

— "꾹꾹 눌러가며 걸레를 빨아요."

— "걸레를 비틀어서 물기를 짜요."

— "거실을 먼저 닦고 안방을 닦아요."

활동 3 함께 생각하고 더 이야기 나눠요

① 청소가 필요한 장소나 물건이 있는지 살펴요.

② 청소 전후의 상태를 비교해요.

③ 청소를 하고 나면 기분이 어떤지 이야기 나눠요.

④ 버릴 물건들을 소재별로 나누어보세요(플라스틱, 유리, 쇠, 헝겊 등).

전문가의 Tip

Q 어른이 청소하는 모습을 보며 아이가 직접 해보고 싶어 하나요?

→ 쉽고 안전한 일을 맡겨보세요. 빗자루로 바닥 쓸기, 청소기 버튼 누르기 정도는 아이가 할 수 있습니다.

Q 아이가 흥미를 보이나요?

→ 청소하는 장면을 동영상으로 찍어서 함께 봐요.

PLAY 04

| 집안일 돕기 |

빨래

집안일 중에서 빨래와 관련된 표현을 익히는 놀이입니다. 빨랫감을 모으고 빨래 바구니에 담으면서 빨래와 연관 있는 표현을 들려줍니다. 또한 세탁기, 다리미 등 가전제품의 작동 과정을 말로 설명해주면 아이는 다양한 동사를 익힐 수 있습니다.

+ **적정 연령** + 25~28개월
+ **목 표** + 옷의 종류와 이름 익히기, 빨래와 관련 있는 문장 표현 들려주기
+ **준 비 물** + 다양한 빨랫감, 빨래 바구니, 세탁기, 건조대 등
+ **연관 자료** + 《말문이 터지는 언어놀이》 57쪽

활동 | **빨랫감을 정리해요**

① 빨랫감을 빨래 바구니에 담으며

— "윗옷을 넣어요."

— "바지를 넣어요."

— "양말을 넣어요."

② 겉옷과 속옷을 구분해서 넣으며

— "팬티는 여기에 넣어요."

— "러닝셔츠는 여기에 넣어요."

— "남방은 저기에 넣어요."

— "치마는 저기에 넣어요."

— "잠옷은 저기에 넣어요."

③ 옷 외의 빨랫감을 구분해 따로 넣으며

— "수건은 옷이 아니에요."

— "장갑은 옷이 아니에요."

— "이불은 옷이 아니에요."

— "베갯잇은 옷이 아니에요."

활동 2 빨래 과정을 설명해요

① 세탁기를 작동시키며

— "세탁기에 빨래를 넣어요."

— "세탁기 문을 닫아요."

— "세제를 넣어요."

— "세탁 방법을 선택해요."

— "시작 버튼을 눌러요."

② 빨래를 널며

— "윗옷을 옷걸이에 걸어요."

— "바지를 빨래집게로 집어요."

— "양말을 건조대에 널어요."

— "속옷을 펴서 널어요."

③ 다림질을 하며

— "플러그를 꽂아요."

— "다리미를 켜요."

— "기다려요."

— "옷을 펴요."

— "다리미로 옷을 다려요."

④ 빨래를 개며

— "옷을 털어요."

— "반으로 접어요."

— "양말을 모아요."

— "둥글게 말아요."

— "러닝셔츠를 펴요."

— "가로로 접어요."

— "세로로 접어요."

— "포개요."

활동 3 긴 문장으로 설명해요

① 세탁기를 작동시키며

— "빨래를 넣고 문을 닫아요."

— "세탁 방법을 선택하고 시작 버튼을 눌러요."

② 빨래를 널며

— "윗옷은 옷걸이에 걸고, 바지는 빨래집게로 집어서 널어요."

③ 다림질을 하며

— "플러그를 꽂고 다리미를 켜요."

④ 빨래를 개며

— "옷을 털어서 반으로 접어요."

활동 4 함께 생각하고 더 이야기 나눠요

1. 여름옷은 무엇이 있나요?
2. 겨울옷은 무엇이 있나요?
3. 지퍼가 달린 옷은 무엇인가요?
4. 단추가 달린 옷은 무엇인가요?
5. 빨래하기 전과 후에 옷 상태가 어떻게 다른가요?
6. 청바지와 잠옷은 어떻게 다른가요?

전문가의 Tip

Q 아이가 직접 해보고 싶어 하나요?

→ 세탁기 시작 버튼 누르기, 수건 개기 등 쉽고 안전한 일을 맡겨보세요.

Q 아이가 흥미를 보이나요?

→ "이 옷은 누구 것일까?" 하며 누구 옷인지 맞히기 게임을 해보세요.

→ "뽀로로 티셔츠 찾기, 누가 먼저 찾나, 시~작!" 식으로 먼저 찾기 내기를 해보세요.

PLAY

05

| 집안일 돕기 |

설거지

설거지는 매일 하는 집안일입니다. 아이가 지켜보게 하고 설거지를 하면서 과정을 설명해주세요. 그러면 아이는 식기와 주방용품 이름, 다양한 동사를 익힐 수 있습니다. 예시를 참고해 짧은 문장에서 복잡하고 긴 문장까지 다양하게 응용해 보세요.

+ **적정 연령** + 25~28개월
+ **목 표** + 주방용품 이름과 '무엇으로 무엇을 어떻게 하다' 표현 들려주기
+ **준 비 물** + 설거지 거리, 수세미, 설거지 세제, 행주, 비닐봉지 등
+ **연관 자료** + 《말문이 터지는 언어놀이》 60쪽

활동 | **설거지 거리를 모아요**

① 설거지 거리를 싱크대로 옮기며

— "그릇을 옮겨요."

— "접시를 옮겨요."

— "냄비를 옮겨요."

— "수저를 옮겨요."

❷ 남은 음식물을 처리하며

— "밥을 밥통에 넣어요."

— "반찬을 통에 담아요."

— "음식물 쓰레기통에 버려요."

❸ 설거지 도구를 준비하며

— "고무장갑을 준비해요."

— "세제를 준비해요."

— "수세미를 준비해요."

— "행주를 준비해요."

활동 2 설거지 과정을 설명해요

❶ 설거지를 하며

— "고무장갑을 손에 껴요."

— "물을 틀어요."

— "세제를 묻혀요."

— "거품을 내요."

— "그릇을 닦아요."

— "물로 헹궈요."

— "물을 잠가요."

❷ 설거지를 마친 뒤

— "행주로 닦아요."

— "컵을 선반에 놓아요."

— "그릇을 건조대에 올려요."

활동 3 긴 문장으로 설명해요

① 설거지와 뒷정리를 하며

— "고무장갑을 끼고 물을 틀어요."

— "세제를 수세미에 묻히고 거품을 내요."

— "컵을 헹구고 행주로 닦아서 선반에 올려요."

활동 4 함께 생각하고 더 이야기 나눠요

① 주방용품 중 떨어뜨리면 깨지는 것은 무엇인가요?

② 뚜껑이 있는 것은 무엇인가요?

③ 손잡이가 있는 것은 무엇인가요?

④ 한 쌍으로 된 것은 무엇인가요?

전문가의 Tip

Q 아이가 직접 해보고 싶어 하나요?

→ 플라스틱 컵을 물로 헹구는 것처럼 비교적 쉽고 안전한 일을 맡겨보세요.

Q 아이가 흥미를 보이나요?

→ 소꿉놀이로 설거지 장면을 재현해보세요.

→ 설거지하는 장면을 사진으로 찍어서 아이와 이야기해보세요.

PLAY 06

냉장고 정리하기

음식의 종류는 다양합니다. 냉장고를 정리하면서 음식의 이름과 위치를 알려주세요. 냉장고에서 버릴 것을 빼거나, 새로 사온 음식을 넣고 위치를 바꾸는 등 정리를 하면서는 방향 관련 표현을 들려줄 수 있습니다.

+ **적정 연령** + 29~32개월
+ **목　　표** + 음식 이름과 방향, 위치 관련 표현 들려주기
+ **준 비 물** + 냉장고
+ **연관 자료** + 《말문이 터지는 언어놀이》 63쪽

활동 | **냉장고 안을 살펴요**

① 냉장실을 살펴보며

— "여기 김치찌개가 있어요."

— "아래에 미역국이 있어요."

— "여기 깍두기가 있어요."

— "옆에 오징어볶음이 있어요."

— "위에 고등어구이가 있어요."

— “그 앞에 시금치무침이 있어요.”

— “저기에 달걀이 있어요.”

2. 음료수 칸, 소스 칸을 살펴보며

— “여기 생수가 있어요.”

— “그 옆에 우유가 있어요.”

— “거기 사이다가 있어요.”

— “아래에 맥주가 있어요.”

— “위에 마요네즈가 있어요.”

— “거기 케첩이 있어요.”

— “여기 간장이 있어요.”

— “그 위에 식초가 있어요.”

3. 채소 칸을 살펴보며

— “여기 감자가 있어요.”

— “그 옆에 파가 있어요.”

— “여기 무가 있어요.”

— “그 뒤에 당근이 있어요.”

4. 냉동실을 살펴보며

— “여기 아이스크림이 있어요.”

— “그 앞에 냉동만두가 있어요.”

— “여기 멸치가 있어요.”

— “그 뒤에 동그랑땡이 있어요.”

— “아래에 돼지고기가 있어요.”

활동 2 음식을 넣거나 빼요

1. "김치찌개가 상했네요. 빼요."
2. "카레가 오래됐네요. 빼요."
3. "우유는 유통기한이 지났네요. 빼요."
4. "요구르트는 여기에 넣어요."
5. "양파는 아래에 넣어요."
6. "달걀은 위에 넣어요."
7. "______________________"

활동 3 위치를 바꿔요

1. "케첩을 빼고 그 자리에 식초를 넣어요."
2. "김치찌개를 아래 칸으로 내리고 미역국을 위 칸으로 올려요."
3. "고추장을 앞으로 빼고 깍두기를 뒤에 넣어요."
4. "______________________________"

활동 4 함께 생각하고 더 이야기 나눠요

1. 채소로 만든 음식은 무엇이 있나요?
2. 생선으로 만든 음식은 무엇이 있나요?
3. 끓이는 음식은 무엇이 있나요?
4. 튀기는 음식은 무엇이 있나요?
5. 얼려서 보관하는 음식은 무엇이 있나요?

전문가의 Tip

Q 아이가 직접 해보고 싶어 하나요?

→ 음식 냄새 맡아보기, 냉동된 음식 만져보기 등 쉽고 안전한 일을 맡겨보세요.

Q 아이가 흥미를 보이나요?

→ 소꿉놀이로 다양한 요리를 해보세요.

PLAY 07

동네 한 바퀴

동네를 산책하면서 눈에 보이는 사물들의 이름을 말해주세요. 상가 건물에는 다양한 가게들이 있어요. 그곳에서 파는 물건이나 하는 일도 알려주세요. 아이와 함께 거리를 배경으로 사진을 찍고, 집으로 돌아오면 사진을 보며 이야기를 나눕니다. 어른과 함께 한 경험은 장소와 사물을 더욱 생생하게 기억하게 해줍니다.

+ **적정 연령** + 29~32개월
+ **목　　표** + 길거리에 있는 사물, 가게 이름과 하는 일 말해주기
+ **준 비 물** + 스마트폰
+ **연관 자료** + 《말문이 터지는 언어놀이》 66쪽

활동 | **길거리를 구경해요**

① 인도에서

— "여기 나무가 있어요."

— "저기 담장이 보이네요."

— "전봇대 위에 새가 앉았어요."

— "유모차가 지나가요. 아기가 타고 있어요."

— "건널목에 사람들이 서 있어요."

2. 차도를 보며

— "자동차가 지나가요."

— "버스 정류장에 사람들이 있어요."

— "택시가 지나가요."

— "저기 구급차가 가네요."

— "아저씨가 자전거를 타요."

3. 건물을 보며

— "파출소에 경찰관이 있어요."

— "학교예요. 학교에서 공부해요."

— "병원이에요. 아프면 병원에 가요."

활동 2 가게마다 하는 일을 알아봐요

1. "옷가게가 있네요. 옷가게에서 옷을 팔아요."
2. "식당이에요. 식당에서는 음식을 먹어요."
3. "세탁소네요. 세탁소에서는 옷을 깨끗하게 해줘요."
4. "피아노 학원이 보여요. 학원에서 피아노를 배워요."
5. "편의점이 있어요. 편의점에서는 여러 가지 물건을 팔아요."

활동 3 사진 보며 말해요

1. "우리 뒤에 자전거가 지나가요."
2. "여기 빨간 버스가 지나가네요."
3. "빵 가게 지붕이 파란색이에요."

④ "편의점 옆에 미용실이 있어요."

⑤ "정육점 뒤로 나무가 보여요."

⑥ "주차장에 차가 서 있어요."

활동 4 함께 생각하고 더 이야기 나눠요

① 오늘 본 것 중에서 바퀴가 달린 것은 무엇인가요?

② 먹을 것을 파는 가게는 어디인가요?

③ 병원이 없으면 어떻게 될까요?

④ 소방서가 없으면 어떻게 될까요?

⑤ 가장 좋아하는 가게는 어디인가요?

전문가의 Tip

Q 아이가 걷기 힘들어하나요?

→ 목말을 태워주세요. 시야가 높아지면 풍경이 더 잘 눈에 들어와요.

Q 아이가 흥미를 보이나요?

→ 빵 가게에서 쿠키 사기, 편의점에서 건전지 사기 등 물건을 사면서 아이가 직접 돈을 내게 해보세요.

PLAY 08

놀이터에서 놀기

놀이터에서 아이와 놀면서 동작을 문장으로 설명합니다. 놀이 기구에 따라 이용법이 다르고 움직임도 달라집니다. 직접 몸을 움직이며 움직임을 문장으로 표현하면 아이는 동사의 뜻을 더 잘 이해합니다. 놀이터에서 노는 모습을 사진으로 찍어두고 나중에 다시 이야기해보세요.

+ **적정 연령** + 29~32개월
+ **목　　표** + 놀이 기구를 타면서 동사 표현 들려주기, 시간적 순서를 나타내는 표현 들려주기
+ **준 비 물** + 스마트폰
+ **연관 자료** + 《말문이 터지는 언어놀이》 70쪽

활동 | **놀이 기구를 타요**

❶ 그네를 타며

— “여기에 앉아요.”

— “줄을 잡아요.”

— “내가 민다.”

— “무릎을 구부려요.”

— “다리를 펴요.”

❷ 시소를 타며

— "여기에 앉아요."

— "손잡이를 잡아요."

— "○○이가 위로 올라가요."

— "아빠는 아래로 내려간다."

❸ 미끄럼틀을 타며

— "계단을 올라가요."

— "여기 앉아요."

— "손으로 잡아요."

— "손을 놓아요."

— "내려가요."

❹ 철봉에 매달리며

— "손으로 잡아요."

— "매달려요."

— "내가 허리를 잡을게."

— "몸을 앞뒤로 흔들어요."

— "떨어진다."

활동 2 순서를 정해요

❶ "시소 먼저 탈까요?"

❷ "그다음에 뭐 할까요?"

❸ "그네 타고 나서 미끄럼틀 타요."

❹ "미끄럼틀 타기 전에 그네 먼저 탈까요?"

활동 3 놀이 기구의 이용 방법을 말해요

1. "시소는 어떻게 타요?"
2. "손으로 잡은 다음에 어떻게 해요?"
3. "잘 잡았어요? 그다음에 어떻게 할래요?"

활동 4 함께 생각하고 더 이야기 나눠요

1. 서서 이용하는 놀이 기구는 무엇인가요?
2. 앉아서 이용하는 놀이 기구는 무엇인가요?
3. 여러 사람이 함께 타는 놀이 기구는 무엇인가요?

전문가의 Tip

Q 아이가 어른의 말에 귀 기울이나요?

→ 아이가 놀이 기구를 열중해서 탈 때는 대화를 잠깐 쉬어주세요. 아이가 노는 모습을 사진으로 찍어두었다가 나중에 사진을 보며 이야기해도 됩니다.

PLAY 09

공 가지고 놀기

공놀이는 누구나 즐길 수 있는 놀이입니다. 공놀이를 하면서 공을 다루는 방식, 몸의 움직임을 표현하는 말을 들려줄 수 있어요. 공이 없어도 괜찮습니다. 풍선, 양말, 솔방울, 신문지 뭉치 등 굴러갈 수 있는 것이면 무엇이든 공놀이를 할 수 있어요.

+ **적정 연령** + 29~32개월
+ **목 표** + 움직임을 표현하는 말 들려주기
+ **준 비 물** + 축구공, 농구공, 야구 세트 등
+ **연관 자료** + 《말문이 터지는 언어놀이》 73쪽

활동 **공을 다루는 방법을 알려주세요**

1. 축구를 하며

— "발로 차요."

— "공을 굴려요."

— "공을 손으로 잡아요."

— "공을 발로 막아요."

② 야구를 하며

— "공을 던져요."

— "공을 받아요."

— "공을 방망이로 쳐요."

— "방망이를 휘둘러요."

③ 농구를 하며

— "공을 튀겨요."

— "공을 집어넣어요."

④ 기타 표현

— "공으로 맞춰요."

— "공을 넘겨요."

— "공을 띄워요."

— "공을 피해요."

활동 2 꾸미는 말을 더해요

① 세기

— "공을 세게 던져요."

— "공을 힘껏 차요."

— "공을 살살(약하게) 굴려요."

② 방향

— "공을 아래로 굴려요."

— "공을 높이 던질게요."

— "이번엔 가운데로 던질게요."

③ 위치

— "공이 저기에 있네요."

— "공이 나무 뒤에 있어요."

— "공이 바로 앞에 있어요."

활동 3 긴 문장으로 설명해요

— "방망이를 두 손으로 잡고 이렇게 휘둘러요."

— "공을 손으로 통통 튀겨요."

— "팔을 앞으로 내밀어서 공을 잡아요."

— "공 있는 쪽으로 고개를 들어요."

— "뛰어가서 공을 멈춰요."

— "몸을 뒤로 빼면서 공을 받아요."

— "몸을 낮추고 공을 잡아요."

활동 4 함께 생각하고 더 이야기 나눠요

① 공으로 하는 운동 경기는 무엇인가요?

② 축구공, 야구공, 농구공, 탁구공 등 다양한 공의 크기와 모양, 재질, 무게를 비교해보세요.

③ 공처럼 통통 튀는 물건은 무엇이 있을까요?

Q 공간이나 도구가 마땅치 않은가요?

→ 방에서 할 수 있는 놀이, 주변의 사물을 이용한 공놀이를 생각해보세요. 종이 구겨서 쓰레기통에 던져 넣기, 양말 던져서 바구니에 골인시키기, 그림책으로 탁구공 쳐서 주고받기 등이 있습니다.

Q 아이가 말이 없나요?

→ 공 주고받기를 하며 어떻게 혹은 어디로 던질지(찰지) 물어보세요. "머리 쪽으로 던진다, 받아!", "(공을 던진 후) 이제 네 차례야. 어디로 던질 거야?" 식으로 말을 걸어주세요.

Q 아이가 금방 싫증을 내나요?

→ 점수 기록하기, 경쟁하기, 보상 정하기 등으로 놀이에 변화를 주세요.

PLAY 10

| 계절 나들이 |

봄, 모종 심기

자연에는 다양한 속성을 지닌 사물들이 있습니다. 흙과 돌, 나무, 물 등을 직접 만지고 관찰하면서 속성을 표현하는 말을 배울 수 있어요. 집 바깥에서 생태 활동을 하면서 모양과 재질, 움직임과 감촉을 표현하는 말을 들려주세요.

+ 적정 연령 + 29~32개월
+ 목 표 + 봄에 만나는 사물의 이름, 움직임과 상태를 표현하는 말 들려주기
+ 준 비 물 + 화분, 씨앗이나 모종, 모종삽 등
+ 연관 자료 + 《말문이 터지는 언어놀이》 76쪽

활동 | **자연을 관찰해요**

❶ 날씨를 관찰하며

— "따스해요."

— "흐려요."

— "구름이 꼈어요."

— "비가 와요."

— “비가 그쳤어요.”

— “안개가 꼈어요.”

— “안개가 걷혀요.”

— “바람이 차요.”

— “바람이 시원해요.”

— “서리가 내려요.”

② 흙과 돌을 관찰하며

— “흙이 부드러워요.”

— “흙이 차가워요.”

— “흙이 축축해요.”

— “흙이 묻었어요.”

— “흙을 털어요.”

— “돌이 딱딱해요.”

— “돌이 커요.”

— “돌이 무거워요.”

— “돌이 뾰족해요(날카로워요).”

— “돌이 뭉툭해요.”

— “돌에 걸렸어요.”

③ 풀과 나무를 관찰하며

— “싹이 돋아요.”

— “줄기가 가늘어요.”

— “잎이 납작해요.”

— “뿌리가 길어요.”

— “꽃이 예뻐요.”

— "이슬이 맺혔어요."

— "나뭇잎이 떨어졌어요."

— "나뭇가지가 부러졌어요."

— "나무껍질이 갈라졌어요."

활동 2 모종을 심어요

❶ 짧은 문장 표현

— "흙을 파요."

— "모종을 심어요/씨앗을 뿌려요."

— "흙을 모아요."

— "흙을 덮어요."

— "흙을 두드려요/밟아요."

— "물을 줘요."

❷ 긴 문장 표현

— "삽으로 땅을 파요."

— "뿌리를 모아서/씨앗을 구덩이에 집어넣어요."

— "흙을 긁어서 모아요."

— "흙을 모아서 구멍을 덮어요."

— "단단해질 때까지 두드려요/밟아요."

활동 3 함께 생각하고 더 이야기 나눠요

1. 봄에 많이 보이는 동물은 무엇이 있나요?
2. 흙, 모래, 돌은 어떻게 다른가요?
3. 바람이 부는지 어떻게 알 수 있나요?
4. 심은 작물은 앞으로 어떻게 될까요?
5. 작물에 물을 주지 않으면 어떻게 될까요?
6. 날씨가 추워지면 작물은 어떻게 될까요?

전문가의 Tip

Q 아이가 흥미로워하나요?

→ 아이들은 스스로 하는 걸 좋아합니다. 직접 만지고 느낄 수 있게 해주세요.

→ 식물의 생장 과정을 지켜볼 수 있게 하세요. 시차를 두고 사진을 찍으면 한눈에 식물의 생장을 알아볼 수 있어요.

PLAY 11

| 계절 나들이 |

여름, 바닷가에서

여름은 물놀이를 하고 바닷가나 계곡을 찾는 등 가족과 특별한 경험을 하는 계절입니다. 그만큼 아이가 배울 수 있는 낱말도 표현도 많습니다. 즐거운 경험을 하며 다양한 표현을 들려주세요.

+ 적정 연령 + 29~32개월
+ 목 표 + 여름에 만나는 사물의 이름, 움직임과 상태를 표현하는 말 들려주기
+ 준 비 물 + 물놀이 도구
+ 연관 자료 + 《말문이 터지는 언어놀이》 79쪽

활동 | 여름에 자주 하는 말이에요

❶ 일상에서

— "땀을 흘려요."

— "선풍기를 켜요."

— "에어컨을 켜요."

— "매미가 울어요."

— "수박/팥빙수/냉면을 먹어요."

— "얼음을 얼려요."

— "얼음이 녹아요."

— "감기에 걸렸어요."

— "모기가 물었어요. 가려워요."

— "물파스를 발라요."

② 나들이를 하며

— "반소매/반바지를 입어요."

— "모자를 써요."

— "선글라스를 써요."

— "샌들을 신어요."

— "자외선차단제를 발라요."

— "가방을 싸요."

— "배낭을 메요."

— "차에 타요."

— "기차를 타요."

활동 2 여행 가서 쓰는 말이에요

① 바닷가 풍경을 보며

— "파도가 쳐요."

— "뭉게구름이 피어올라요."

— "갈매기가 날아요."

— "수평선이 보여요."

— "모래 위를 걸어요."

— "조개껍데기를 주워요."

② 헤엄을 치며

— "물안경을 써요."

— "튜브를 끼어요."

— "물에 들어가요."

— "발로 물을 차요."

— "팔을 저어요."

— "고개를 돌려요."

— "코로 숨을 마셔요."

— "입으로 숨을 내쉬어요."

③ 모래놀이를 하며

— "모래를 파요."

— "통에 담아요."

— "성을 쌓아요."

— "바위를 뒤져요."

— "소라를 잡아요."

활동 3 함께 생각하고 더 이야기 나눠요

① 더위를 식혀주는 것은 무엇이 있나요?

② 물속에서 사는 동물은 무엇이 있나요?

③ 물에 뜨는 것은 무엇이 있을까요?

Q 갑자기 흥미를 잃었나요?

→ 물놀이는 체력 소모가 큰 놀이예요. 아이가 물놀이를 하면서 피곤해하거나 졸려하지는 않는지 살피세요.

PLAY 12

| 계절 나들이 |

가을, 숲에서 캠핑하기

가을은 변화를 느낄 수 있는 계절입니다. 날이 쌀쌀해지고, 낮과 밤의 길이가 비슷해지며, 낙엽이 지고 단풍이 들어요. 이처럼 눈으로 관찰할 수 있는 계절의 변화를 말로 들려주세요. 아이의 어휘를 풍부히 하는 데 큰 도움이 될 거예요.

+ **적정 연령** + 29~32개월
+ **목 표** + 가을에 만나는 사물의 이름, 움직임과 상태를 표현하는 말 들려주기
+ **준 비 물** + 캠핑 장비
+ **연관 자료** + 《말문이 터지는 언어놀이》 82쪽

활동 | 가을에 자주 하는 말이에요

1. 날씨와 관련해서
   — "날이 쌀쌀해요."
   — "긴 옷을 입어요."
   — "밤이 길어졌어요."
2. 자연을 관찰하며
   — "낙엽이 져요."

— "단풍이 들어요."

— "귀뚜라미가 울어요."

활동 2 가을 숲에서 캠핑을 해요

1. 텐트를 치며

— "돌을 치워요."

— "돗자리를 펴요/깔아요."

— "팩을 박아요."

— "텐트를 쳐요."

— "배낭을 풀어요."

— "플래시/랜턴을 켜요."

— "의자를 펼쳐요."

2. 음식을 만들며

— "불을 피워요."

— "가스레인지를 켜요."

— "고기를 썰어요."

— "석쇠 위에 고기를 올려요."

— "포일을 깔아요."

— "고기를 구워요."

— "소금을 뿌려요."

— "양념을 해요."

— "찌개를 끓어요."

— "싱거워요/짜요/매워요/써요."

③ 밤하늘을 관찰하며

— "달이 둥그래요."

— "반달이에요."

— "초승달이 뾰족해요."

— "풀벌레가 울어요."

— "은하수가 보여요."

— "별똥별이 지나가요."

활동 3 함께 생각하고 더 이야기 나눠요

① 여름옷과 가을옷은 어떻게 다른가요?

② 여름이 지나면 사라지는 것은 무엇인가요(곤충 등)?

③ 가을에 맺는 열매는 무엇이 있을까요?

전문가의 Tip

Q 아이가 흥미로워하나요?

→ 여름에 찍었던 나들이 사진을 보면서 가을이 되어 달라진 것들에 대해 이야기해보세요.

PLAY 13

| 계절 나들이 |

겨울, 눈썰매 타기

겨울 하면 눈과 얼음이 생각납니다. 겨울옷을 챙겨 입고 주변을 관찰하고 겨울철에만 할 수 있는 놀이를 하면서 다양한 표현을 들려주세요. 사진을 찍고 출력해서 계절별 사진첩도 만들어보세요. 봄, 여름, 가을, 겨울에 했던 일들을 보며 낱말도 배우고 추억도 이야기할 수 있어요.

+ 적정 연령 + 29~32개월
+ 목　　표 + 겨울에 만나는 사물의 이름, 움직임과 상태를 표현하는 말 들려주기
+ 준 비 물 + 겨울용 방한 용품, 눈썰매
+ 연관 자료 + 《말문이 터지는 언어놀이》 85쪽

활동 | **겨울에 자주 하는 말이에요**

① 날씨와 관련해서

— "날씨가 추워요."

— "물이 차가워요."

— "바람이 쌩쌩 불어요."

— "눈이 와요."

— "눈이 쌓여요."

— "얼음이 얼어요."

— "얼음이 녹아요."

— "고드름이 자라요."

— "손이 시려요."

— "발이 꽁꽁 얼었어요."

— "귀가 빨개요."

— "길이 미끄러워요."

② 추위를 견디기 위해

— "내복을 입어요."

— "외투를 입어요."

— "털모자를 써요."

— "마스크를 해요."

— "벙어리장갑을 껴요."

— "목도리를 해요."

— "귀마개를 해요."

— "부츠를 신어요."

— "난로를 켜요."

— "온풍기를 틀어요."

— "몸을 녹여요."

활동 2 눈과 얼음으로 놀이를 해요

1. 눈사람을 만들며
   - "눈을 뭉쳐요."
   - "눈덩이를 굴려요."
   - "몸통을 만들어요."
   - "머리를 올려요."
   - "눈, 코, 입을 만들어요."
   - "팔과 손을 만들어요."
2. 눈썰매를 타며
   - "줄을 서요."
   - "썰매에 올라타요."
   - "손잡이를 잡아요."
   - "발로 지쳐요."
   - "미끄러져요."
   - "빙글빙글 돌아요."
   - "멈춰요."
3. 눈싸움을 하며
   - "눈을 모아요."
   - "단단하게 뭉쳐요."
   - "눈덩이를 던져요."
   - "몸을 맞춰요."
   - "몸을 피해요."
   - "숨어요."

활동 3 함께 생각하고 더 이야기 나눠요

1. 눈을 일컫는 말에는 어떤 것들이 있나요?
2. 눈과 얼음의 다른 점은 무엇인가요?
3. 몸을 따뜻하게 하는 방법은 무엇인가요?

전문가의 Tip

Q 아이가 흥미로워하나요?

→ 놀이를 하면서 과장되게 반응해보세요. 눈싸움을 하면서 장렬하게 쓰러진다거나 눈썰매를 타면서 괴성을 지르면 아이들이 좋아합니다.

PLAY 14

바깥에서 활동하기

놀이 도구가 무엇이냐에 따라 놀이 방법은 달라집니다. 특별한 몸의 움직임을 요구하고, 움직이는 방향과 세기 등을 조절해야 하는 놀이 도구도 있습니다. 이때는 다음 예시를 참고해서 동사에 수식어를 더한 표현을 들려주세요.

+ 적정 연령 + 33~36개월
+ 목표 + 놀이 도구의 부분 명칭, 방향·위치·정도 표현, '무엇을 어떻게 하다' 표현 들려주기
+ 준비물 + 자전거·인라인스케이트 등 탈것, 원반·연 등 날릴 것, 헬멧, 보호대
+ 연관 자료 + 《말문이 터지는 언어놀이》 88쪽

활동 | 탈것을 타요

❶ 자전거를 타며

— "헬멧을 써요."

— "안장에 앉아요."

— "핸들을 잡아요."

— "몸을 숙여요."

— "앞을 봐요."

— "발을 페달에 올려요."

— "한 발씩 페달을 힘껏 밟아요."

— "씽씽 달려요."

— "방향을 돌려요."

— "핸들을 꺾어요."

— "경적을 울려요."

— "브레이크를 잡아요."

— "천천히 서요."

2 인라인스케이트를 타며

— "헬멧을 써요."

— "팔꿈치 보호대를 착용해요."

— "무릎 보호대를 착용해요."

— "스케이트를 신어요."

— "허리를 펴요."

— "윗몸을 앞으로 약간 수그려요."

— "다리를 조금 벌려요."

— "무릎을 살짝 구부려요."

— "발을 밀며 앞으로 치고 나가요."

— "팔을 앞뒤로 움직여요."

3 킥보드를 타며

— "손잡이를 꽉 잡아요."

— "한쪽 발을 발판에 올려요."

— "몸을 세워요."

— "앞을 봐요."

— "다른 발로 땅을 차요."

— "두 발을 모두 발판에 올려요."

활동 2 날릴 것을 날려요

1. 모형 비행기를 날리며

— "프로펠러를 돌려요."

— "잡고 뛰어가요."

— "손에서 놓아요."

— "비행기가 높이 날아요."

— "비행기가 낮게 날아요."

— "비행기가 착륙해요."

2. 연을 날리며

— "줄을 잡고 뛰어요."

— "연이 하늘 높이 올라가요."

— "줄을 잡아당겨요."

— "줄을 감아요."

— "줄을 풀어요."

— "연이 나뭇가지에 걸렸어요."

3. 원반(플라잉디스크)을 날리며

— "위로 높이 던져요."

— "아래로 세게 던져요."

— "살살 옆으로 돌려요."

— "가운데 방향으로 던져요."

— "뒤로 돌면서 던져요."

— "한 손으로 받아요."

— "두 손으로 받아요."

— "뛰어올라서 받아요."

활동 3 **함께 생각하고 더 이야기 나눠요**

1. 방향과 위치를 나타내는 말은 무엇인가요?
2. 세기와 정도를 나타내는 말은 무엇인가요?
3. 속도를 조절하는 방법은 무엇인가요?

전문가의 Tip

Q 아이가 지루해하나요?

→ "저기 나무 있는 데까지 가자", "한 바퀴만 돌까?" 등 목표를 정해보세요.

→ "이번에는 30초밖에 안 걸렸어!", "안 떨어뜨리고 다섯 번이나 받았어!" 등 기록을 재보세요.

PLAY 15

마트나 시장에서 물건 사기

사물마다 여러 개의 이름이 있습니다. 사과는 과일이자 식물이고, 고등어는 생선이자 물고기예요. 과일, 식물, 생선처럼 일정 범위의 속성을 지칭하는 말을 범주어라고 합니다. 이런 말들은 시장과 마트에서 배우기 좋아요.

+ 적정 연령 + 37~40개월
+ 목 표 + 범주어 들려주기
+ 준 비 물 + 없음
+ 연관 자료 + 《말문이 터지는 언어놀이》 92쪽

활동 | **구역별로 구경해요**

❶ 신선 식품 매장에서

— "여기 배추가 있어요. 당근도 있고 상추도 있어요. 아하! 여기는 '채소'를 파는 곳이구나!"

— "여기 고등어가 있어요. 오징어와 꽃게도 있어요. 여기는 '해산물'을 파는 곳이에요."

❷ 가전제품 매장에서

— "여기 텔레비전이 있어요. 세탁기도 있고 냉장고도 있어요. 여기는 '가전제품'을 파는 곳이에요."

❸ 의류 매장에서

— "여기 속옷이 있어요. 티셔츠도 있고 바지도 있네. 여기는 옷을 파는 곳이에요."

❹ ________매장에서

— "____."

활동 2 아이와 함께 필요한 물건을 찾아요

❶ "당근이 필요해요. 어디에 가면 있을까요?" → "채소 파는 곳!"

❷ "냉장고를 구경하고 싶은데, 어디로 가면 좋을까요?" → "______________"

❸ "색연필이 필요한데, 어디에 가면 찾을 수 있을까요?" → "______________"

❹ "________이 필요한데, 어디에 가면 찾을 수 있을까요?" → "__________"

활동 3 전단지를 보고 물건을 찾아요

❶ "여기 우리가 찾는 우유가 있다. 어디에 있을까요?" → "1층 음료 매장!"

❷ "네가 좋아하는 장난감이야. 어디로 가면 될까요?" → "______________"

❸ "오늘은 돼지고기 할인하는 날이네. 어디로 갈까요?" → "______________"

❹ "________이 있다는데, 어디에 가면 될까요?" → "________________"

활동 4 사 온 물건을 정리하며 범주어를 되새겨요

1. "이건 마늘과 양파야. 마트 어디에서 샀더라?" → "채소 매장!"
2. "이건 고무줄, 이건 머리핀이네. 이거 시장 어디에서 샀지?" → "__________"
3. "만두랑 동그랑땡도 있네. 이거 마트 어디에 있었더라?" → "__________"
4. "__________이 있네. 이건 어디서 샀더라?" → "__________"

활동 5 함께 생각하고 더 이야기 나눠요

1. 향기가 나는 물건은 무엇인가요? 마트의 어느 매장에서 살 수 있나요?
2. 소리가 나는 물건에는 무엇이 있나요? 어느 매장에서 살 수 있나요?
3. 부엌에서 쓰는 물건에는 무엇이 있나요? 어느 매장에서 살 수 있나요?

전문가의 Tip

Q 아이가 흥미로워하나요?

→ 전단지에서 과일과 채소 등 특정 범주에 해당하는 물건을 정하고 찾기 놀이를 해보세요. 누가 먼저 찾나, 누가 많이 찾나 경쟁하세요. 예를 들어 전단지를 펼치며 "누가 더 많이 찾나 해보자. 과일 찾기 시~작!" 식으로 하면 아이는 즐겁게 과일을 찾습니다.

→ 시장이나 마트에 가기 전에 살 물건의 목록을 미리 적은 후 시장이나 마트에서 아이가 직접 찾게 해보세요.

제 2 장

간단한 게임과 놀이로 문장을 익혀요

PLAY 16

심부름 놀이

심부름을 시키면서 긴 문장을 사용합니다. 여기서 긴 문장이란 복문을 말합니다. 단문에 단문이 더해진 형태로, '~하고', '~해서'와 같은 표현을 포함합니다.

+ 적정 연령 + 29~32개월
+ 목　　표 + '~하고 ~하다', '~해서 ~하다'와 같은 긴 문장 들려주기
+ 준 비 물 + 생활용품
+ 연관 자료 + 《말문이 터지는 언어놀이》 105쪽

활동 | 한 곳에서 물건 1개를 가져와요

1. "냉장고 문 열고 우유 가져와요."
2. "방에 가서 뽀로로 책 가져와요."
3. "부엌에 가서 컵 가져와요."
4. "________에 가서 ________ 가져와요."

활동 2 한 곳에서 물건 2개를 가져와요

1. "냉장고 문 열고 우유랑 주스 가져와요."
2. "책꽂이에서 《뽀로로》 책이랑 《달님 이야기》 책 가져와요."
3. "식탁에서 컵이랑 접시 가져와요."
4. "________에서 ________랑 ________ 가져와요."

활동 3 눈에 보이지 않는 물건을 찾아서 가져와요

1. "안방에 가서 머리빗 가져다줄래요?"
2. "욕실에 가서 아빠 안경 가져다줄래요?"
3. "안방에 가서 엄마 지갑 가져다줄래요?"
4. "________에 가서 ________ 가져다줄래요?"

활동 4 여러 곳에서 여러 물건을 가져와요

1. "냉장고에서 우유 가져오고 부엌에서 컵 가져올래요?"
2. "책상 서랍에서 연필 가져오고 책꽂이에서 공책 가져다줄래요?"
3. "안방에서 지갑 가져오고 욕실에서 안경 가져다주세요."
4. "________에서 ________ 가져오고 ________에서 ________ 가져다줄래요?"

활동 5 함께 생각하고 더 이야기 나눠요

1. "냉장고 문 열고 우유 가져와요"를 두 개의 문장으로 나누어요.
2. "냉장고 문 열어요"와 "우유 가져와요"를 하나의 문장으로 만들어요.

③ 우리말에서는 '누가'에 해당하는 주어가 자주 생략됩니다. 위의 예시 문장들에서 생략된 주어를 찾아보세요.

전문가의 Tip

Q 아이가 좋아하나요?

→ 아이가 성취감을 느낄 수 있도록 보상해주세요. 안아주기, 칭찬하기, 고맙다고 말하기 등의 방법이 있습니다.

Q 아이가 물건을 잘 찾나요?

→ 아이에게 시선으로 단서를 주거나 손으로 물건이 있는 곳을 가리켜서 힌트를 주세요.

PLAY 17

설명 듣고 그리기

어른의 설명을 듣고 아이가 그림으로 그린 후 이를 실물과 맞춰보는 놀이입니다. 물건의 모양, 색깔, 크기 등을 설명하거나 꾸며주는 말을 형용사라고 합니다. 다양한 형용사를 사용해 표현해주세요.

+ 적정 연령 + 37~40개월
+ 목 표 + 색깔과 모양을 나타내는 말 들려주기
+ 준 비 물 + 색연필, 종이, 과일 모형, 동물 인형, 공룡 모형, 속이 보이지 않는 상자나 주머니
+ 연관 자료 + 《말문이 터지는 언어놀이》 108쪽

활동 | **모양을 그려요**

아이는 외곽선만 그리고 나머지는 어른이 그립니다.

❶ 동그라미

어른: “동그라미를 그려요.”

아이: (동그라미를 그립니다.)

어른: (사과 그림을 완성한 뒤) “뭘까요?”

아이: "사과."

어른: "맞아요, 사과예요. 사과는 동그래요."

② 세모

어른: "세모를 그려요."

아이: (세모를 그립니다.)

어른: (딸기 그림을 완성한 뒤) "뭘까요?"

아이: "딸기."

어른: "맞아요, 딸기예요. 딸기는 세모나요."

③ 네모

어른: "네모를 그려요."

아이: (네모를 그립니다.)

어른: (텔레비전 그림을 완성한 뒤) "뭘까요?"

아이: "텔레비전."

어른: "맞아요, 텔레비전이에요. 텔레비전은 네모나요."

활동 2 과일/채소를 그려요

주머니에 모형을 담습니다. 그중 하나를 선택해 모양과 색깔 등 특징을 설명하면 아이가 그림을 그립니다.

① "동그랗게 생겼어요. 빨간색이에요. 꼭지에 초록색 이파리가 달렸어요. 안에 까만 씨가 두 개 있어요." → 아이가 '사과'를 그리면 정답!

② "길쭉해요. 휘어져 있어요. 노란색이에요. 껍질을 벗겨서 먹어요." → 아이가 '바나나'를 그리면 정답!

③ "길쭉하고 세모나게 생겼어요. 주황색이에요. 꼭지에 초록색 줄기가 달렸어요. 김밥에 넣어서 먹어요." → 아이가 '당근'을 그리면 정답!

활동 3 동물을 그려요

주머니에 모형을 담습니다. 어른이 그중 하나를 선택해 생김새를 묘사하면 아이가 그림을 그립니다.

① "귀가 길어요. 눈이 빨개요. 가느다란 수염이 있어요. 깡충깡충 뛰어요." → 아이가 '토끼'를 그리면 정답!

② "코가 길어요. 덩치가 크고 몸은 회색이에요. 귀가 펄럭거려요. 뾰족한 어금니가 있어요." → 아이가 '코끼리'를 그리면 정답!

③ "공룡인데 얼굴이 길쭉해요. 부리가 얇고 뾰족해요. 날개가 있고 꼬리도 있어요." → 아이가 '프테라노돈'을 그리면 정답!

④ "얼굴이 길고 몸은 흰색인데 검은 줄무늬가 있어요. 빨리 달리면 다그닥 다그닥 소리가 나요." → 아이가 '얼룩말'을 그리면 정답!

활동 4 함께 생각하고 더 이야기 나눠요

① 집에 있는 물건 중에 동그란 것은 무엇인가요?

② 집에 있는 물건 중에 네모난 것은 무엇인가요?

③ 집에 있는 것 중에 빨간색인 것을 찾아보세요.

Q 아이가 어려워하나요?

→ 사진이나 그림, 실물을 직접 보면서 그리게 하세요. 아이가 그리는 동안 어른이 옆에서 모양과 색을 알려줍니다.

Q 아이가 흥미로워하나요?

→ 자동차나 만화 주인공을 그리고 색칠하게 하세요. 아이가 그리는 동안 어른이 옆에서 모양과 색을 알려줍니다.

PLAY 18

물감 도장 찍기

손바닥에 물감을 묻혀 손도장을 찍고 그 안에 다양한 표정의 얼굴을 그립니다. 표정을 그리면서 감정을 나타내는 말들을 들려주세요.

+ 적정 연령 + 45~48개월
+ 목 표 + 표정과 감정을 표현하는 말 들려주기
+ 준 비 물 + 물감, 컵, 일회용 접시, 일회용 비닐장갑, 감자나 무처럼 속이 단단한 채소, 도화지, 색연필 등
+ 연관 자료 + 《말문이 터지는 언어놀이》 111쪽

활동

어떤 기분일까요?

아이와 함께 도화지에 손도장을 찍고 그 안에 어른이 얼굴을 그립니다.

어른: "기분이 어때 보여? 기쁠까, 슬플까?"

아이: "기뻐."

어른: "그래, 웃고 있어. 기쁜 손바닥이야."

어른: "기분이 어때 보여? 화가 났을까, 신이 났을까?"

아이: "화났어."

어른: "찌푸린 걸 보니 화가 났구나. 맞아, 화난 손바닥이야."

어른: "기분이 어때 보여? ________________________"

아이: "__________"

어른: "________________________"

활동 2 어떤 얼굴을 그릴까요?

손도장을 찍고 그 안에 아이가 얼굴을 그립니다.

어른: "노란 손바닥에는 어떤 얼굴을 그릴까? 화난 얼굴? 행복한 얼굴? 기쁜 얼굴? 놀란 얼굴? 미안한 얼굴?"

아이: "기쁜 얼굴!" (아이가 얼굴을 그립니다.)

어른: "파란 손바닥에는 어떤 얼굴을 그릴까? 즐거운 얼굴? 신난 얼굴? 짜증난 얼굴? 슬픈 얼굴?"

아이: "슬픈 얼굴!" (아이가 얼굴을 그립니다.)

어른: "__________ 손바닥에는 어떤 얼굴을 그릴까? 즐거운 얼굴? 신난 얼굴? 짜증난 얼굴? 슬픈 얼굴?"

아이: "__________ 얼굴!" (아이가 얼굴을 그립니다.)

활동 3 왜 그런 표정을 지을까요?

당근, 무, 감자를 반으로 자르고 물감을 묻혀 찍습니다. 그 안에 표정을 그립니다.

어른: "감자가 울고 있네. 왜 울어?"

아이: "슬퍼서."

어른: "그렇구나, 슬퍼서 우는구나. 감자는 슬퍼."

어른: "당근이 웃고 있네. 왜 웃어?"

아이: "기뻐서."

어른: "그렇구나, 기뻐서 웃는구나. 당근은 기뻐."

어른: "______________________________"

아이: "____________"

어른: "______________________________"

활동 4 함께 생각하고 더 이야기 나눠요

1. 기쁠 때 우리는 어떤 행동을 하나요?
2. 얼굴을 보고 화가 났다는 것을 어떻게 알 수 있나요?
3. 하루에 가장 많이 느끼는 감정은 무엇인가요? 그림으로 그려보세요.

Q 아이가 어려워하나요?

→ 스마일 이모티콘을 보고 따라 그리게 하세요. 아이가 그리는 동안 어른이 표정과 감정에 대해 말해주세요.

→ 인터넷에서 배우들의 표정 연기 사진을 찾아 아이가 그린 그림과 비교해보세요.

PLAY 19

어디에 있나? 여기에 없네!

물건을 숨기고 찾는 놀이를 하면서 '있다/없다' 표현을 익혀요. 눈에 보이지 않는다고 해서 '없는' 것이 아닙니다. 집 안 곳곳에 '있는' 물건을 찾아보며 '있다/없다' 표현을 들려주세요.

+ **적정 연령** + 25~28개월
+ **목　　표** + '있다/없다' 표현 들려주기
+ **준 비 물** + 검은콩, 탁구공, 작은 동물 모형
+ **연관 자료** + 《말문이 터지는 언어놀이》 118쪽

활동 | **손에 숨겨요**

아이는 눈을 감습니다. 어른이 검은콩을 한쪽 손에 숨긴 뒤에 아이에게 눈을 뜨라고 합니다.

어른: (주먹을 쥔 두 손을 내밀며) "어디에 있을까요?"

아이: "이 손에!"

활동 2 등 뒤에 숨겨요

아이는 눈을 감습니다. 어른이 탁구공을 등 뒤에 숨깁니다.

어른: (두 손을 펴서 내밀며) "어디에 있을까요?"

아이: (이곳저곳을 탐색하며 찾습니다.)

활동 3 엉덩이 밑에 숨겨요

아이는 눈을 감습니다. 어른이 동전을 엉덩이 밑에 숨깁니다.

어른: (두 손을 펴서 내밀며) "어디에 있을까요?"

아이: (이곳저곳을 탐색하며 찾습니다.)

활동 4 서랍 안에 숨겨요

아이는 눈을 감습니다. 어른이 인형을 서랍 안에 숨깁니다.

어른: (두 손을 펴서 내밀며) "어디에 있을까요?"

아이: (이곳저곳을 탐색하며 찾습니다.)

활동 5 함께 생각하고 더 이야기 나눠요

1. 우리 주변에 있지만 눈에 보이지 않는 것은 무엇인가요? (예: 공기, 세균)
2. 만져봐야 있다는 걸 알 수 있는 것은 무엇인가요? (예: 투명 유리창)

전문가의 Tip

Q 아이가 흥미를 보이나요?

→ 과장된 표정과 동작으로 반응해보세요. 찾는 물건이 있으면 기뻐하고, 없으면 슬퍼합니다.

Q 너무 쉬워하나요?

→ 여러 개의 종이컵 중 하나에, 혹은 여러 개의 서랍 중 한 곳에 숨겨보세요.

→ 침실, 안방, 베란다 등 탐색 범위를 넓혀보세요.

PLAY 20

만지작만지작 무엇일까?

속이 보이지 않는 상자나 주머니에 여러 물건을 담습니다. 어른이 특정 물건의 생김새와 촉감을 설명하면 아이가 상자나 주머니에 손을 집어넣어 그 물건을 꺼냅니다. 어른이 여러 번 설명했다면 역할을 바꾸어 아이가 설명하고 어른이 물건을 꺼냅니다.

+ **적정 연령** + 41~44개월
+ **목　　표** + 모양과 촉감을 표현하는 말 들려주기
+ **준 비 물** + 속이 보이지 않는 상자나 주머니, 색연필, 털실 뭉치, 고무공, 컵, 칫솔, 병뚜껑, 숟가락 등
+ **연관 자료** + 《말문이 터지는 언어놀이》 121쪽

활동 | **모양으로 골라요**

상자 안에 색연필, 고무공, 병뚜껑, 블록 등을 넣습니다.

1. "길쭉해요." → 색연필을 꺼내요.
2. "동그래요." → ________________
3. "납작해요." → ________________
4. "네모나요." → ________________

활동 2 촉감으로 골라요

상자 안에 숟가락, 털실 뭉치, 지우개, 사포 등을 넣습니다.

1. "딱딱해요." → 숟가락을 꺼내요.
2. "폭신폭신해요." → ______________
3. "말랑말랑해요." → ______________
4. "까칠까칠해요." → ______________

활동 3 모양과 촉감으로 골라요

상자 안에 여러 가지 물건을 한데 담습니다.

1. "둥글고 말랑말랑해요." → 고무공을 꺼내요.
2. "길쭉한데 끝이 까칠까칠해요." → ______________
3. "끝이 둥글고 차갑고 딱딱해요." → ______________
4. "부드럽고 납작해요." → ______________

활동 4 함께 생각하고 더 이야기 나눠요

1. 다음 물건들을 형용사로 설명해보세요: 냄비받침, 컴퓨터 마우스, 반지, 비닐장갑, 손목밴드, 유아용 신발.
2. 손으로 느낄 수 있는 감촉을 표현해보세요(예: 차갑다, 반들반들하다 등).
3. 나무, 쇠, 유리, 플라스틱으로 만든 물건들은 모양과 감촉이 어떻게 다른가요?

전문가의 Tip

Q 아이가 어려워하나요?

→ 상자 안에 넣은 물건의 수를 줄이세요.

Q 아이가 너무 쉬워하나요?

→ 손에 비닐장갑이나 털장갑을 끼고 하게 해보세요.

PLAY 21

잡동사니 정리하기

상자에 여러 물건을 담습니다. 다시 상자에서 물건을 꺼내면서 버릴 것과 쓸 것을 구분하고, 쓸 것은 제자리로 돌려보내며 물건의 용도를 말합니다. 이때 물건의 이름 대신 '~하는 것'이라는 표현을 씁니다.

+ **적정 연령** + 29~32개월
+ **목　　표** + 물건의 기능과 관련한 표현 들려주기
+ **준 비 물** + 물건을 담을 상자 여러 개
+ **연관 자료** + 《말문이 터지는 언어놀이》 127쪽

활동 | **'~하는 것' 담아요**

1. "읽는 것 담아요."
2. "자르는 것 담아요."
3. "먹는 것 담아요."

활동 2 '~하는 것' 빼요

1. "마시는 것 빼요."
2. "가지고 노는 것 빼요."
3. "글씨 쓰는 것 빼요."

활동 3 '~할 때 쓰는 것' 주세요

1. "다쳤을 때 바르는 것 주세요."
2. "나들이 갈 때 쓰는 것 주세요."
3. "양치할 때 쓰는 것 주세요."

활동 4 함께 생각하고 더 이야기 나눠요

1. 무게, 길이, 온도 등을 측정하는 도구들엔 무엇이 있을까요?
2. 조리 도구나 운동 도구처럼 쓰임이 비슷한 도구들엔 무엇이 있을까요?
3. 일회용품에는 어떤 것들이 있으며, 그 쓰임새는 무엇일까요?

전문가의 Tip

Q 아이가 흥미를 보이나요?

→ 소꿉놀이를 하면서 조리 도구나 양치 도구 등 물건들의 용도를 말해줍니다.

PLAY 22

우리 집 물건 알아맞히기

물건의 한 부분이나 소리 등을 통해 어떤 물건인지 알아맞히는 놀이입니다. 낱말 일부나 물건의 쓰임새 등을 힌트로 줄 수 있습니다.

+ 적정 연령 + 29~32개월
+ 목 표 + 물건의 세부 명칭과 쓰임새, 소리 들려주기
+ 준 비 물 + 스마트폰
+ 연관 자료 + 《말문이 터지는 언어놀이》 130쪽

활동 | **일부분을 보고 알아맞혀요**

스마트폰으로 찍은 사진을 확대해서 일부분을 보여줍니다.

① 동식물

— "여기 잎사귀가 보이네, 뭘까요?"

— "여기 뿌리가 보이네, 뭘까요?"

— "여기 날개가 보이네, 뭘까요?"

— "여기 깃털이 보이네, 뭘까요?"

— "여기 꼬리가 보이네, 뭘까요?"

2 생활용품

— "여기 손잡이가 있네, 뭘까요?"

— "여기 받침대가 보이네, 뭘까요?"

— "여기 테두리가 있네, 뭘까요?"

— "여기 뚜껑이 보이네, 뭘까요?"

— "여기 바퀴가 보이네, 뭘까요?"

— "여기 끈이 있네, 뭘까요?"

활동 2 소리를 듣고 알아맞혀요

스마트폰 동영상 등을 통해 소리만 들려줍니다.

1 "윙윙 소리가 나네. 시원한 바람이 나와요. 뭘까요?"

2 "재깍재깍 소리가 나네. 시간을 알려줘요. 뭘까요?"

3 "드르륵 소리가 들리네. 나사를 박아요. 뭘까요?"

4 "싹둑싹둑 소리가 들리네. 머리를 깎아요. 뭘까요?"

5 "물소리가 들리네. 컵에 물을 따라요. 뭘까요?"

활동 3 함께 생각하고 더 이야기 나눠요

1 모서리가 있는 물건은 무엇인가요?

2 손잡이가 있는 물건은 무엇인가요?

3. 뚜껑이 있는 물건은 무엇인가요?

4. 집에 있는 물건 중 소리가 나지 않는 것은 무엇인가요?

전문가의 Tip

Q 아이가 집중을 잘하나요?

→ 문제를 내기 위해 아이에게 보여주는 화면은 클수록 좋아요. 스마트폰 영상을 텔레비전에 연결하는 미러링 기능을 활용하세요.

→ 듣기 문제는 힌트를 잘 줘야 해요. 소리 듣기(싹둑싹둑), 첫 글자 힌트('가'로 시작해요), 용도 힌트(종이를 잘라요) 등으로 이어가세요.

PLAY 23

집 안에서 물건 찾기

아이에게 심부름을 시킵니다. 이때 물건 이름을 말하는 대신 방향과 위치만 설명합니다. "네 앞에 있어", "식탁 아래에 있어", "냉장고 옆에 있어"처럼요. 아이가 원하는 물건을 달라고 할 때도 이처럼 방향과 위치로 어디에 있는지를 설명할 수 있습니다.

+ 적정 연령 + 29~32개월
+ 목 표 + 방향을 가리키는 말 들려주기
+ 준 비 물 + 없음
+ 연관 자료 + 《말문이 터지는 언어놀이》 135쪽

활동 **안/밖/위/아래에 있어요**

① 안

어른: "우유 주세요."

아이: "우유 어디에 있어요?"

어른: "냉장고 안에 있어요."

② 밖

어른: “슬리퍼 갖다주세요.”

아이: “슬리퍼 어디에 있어요?”

어른: “베란다 유리문 밖에 있어요.”

③ 위

어른: “접시 가져와요.”

아이: “접시 어디에 있어요?”

어른: “식탁 위에 있어요.”

④ 아래

어른: “장난감 정리해요.”

아이: “장난감 어디에 있어요?”

어른: “의자 아래에 있어요.”

활동 2 앞/뒤/옆/밑에 있어요

① 앞

어른: “뽀로로 책 가져다줘요.”

아이: “뽀로로 책 어디에 있어요?”

어른: “네 앞 책꽂이에 있어요.”

② 뒤

어른: “방석 제자리에 놔요.”

아이: “방석 어디에 놔요?”

어른: “뒤 쪽 소파에 올려놔요.”

③ 옆

어른: "______________________"

아이: "______________________"

어른: "______________________"

④ 밑

어른: "______________________"

아이: "______________________"

어른: "______________________"

활동 3 오른쪽/왼쪽/가운데(사이)에 있어요

① 오른쪽

어른: "휴지 가져와요."

아이: "휴지 어디에 있어요?"

어른: "텔레비전 오른쪽에 있어요."

② 왼쪽

어른: "장갑 가져와요."

아이: "장갑 어디에 있어요?"

어른: "옷장 서랍 열어요. 왼쪽에 있어요."

③ 가운데(사이)

어른: "여기 와서 서요."

아이: "어디로 가요?

어른: "여기, 엄마 아빠 사이로 와요."

활동 4 함께 생각하고 더 이야기 나눠요

1. 동서남북 위치는 어떻게 알 수 있나요?
2. 앞면과 뒷면을 나누는 기준은 무엇인가요?

전문가의 Tip

Q 아이가 흥미를 보이나요?

→ 보물찾기를 해보세요. 이때 "앞으로 쭉 가. 그렇지. 그리고 오른쪽으로 돌아. 거기 화분 아래에 있어. 찾았어?" 식으로 위치를 말로 설명합니다.

PLAY 24

인형 놀이

아이와 인형으로 소꿉놀이를 합니다. 옷 입히기, 재우기, 음식 먹이기 등을 하면서 사동 표현과 피동 표현을 들려주세요.

+ 적정 연령 + 41~44개월
+ 목 표 + 입다/입히다, 업다/업히다, 자다/재우다 등 사동 표현과 피동 표현 들려주기
+ 준 비 물 + 인형 놀이 세트
+ 연관 자료 + 《말문이 터지는 언어놀이》 138쪽

활동 | **아침이에요**

1. "아침이에요. 토순이 깨워요."
2. "세수를 해요. 토순이 얼굴 씻겨요."
3. "밥 먹어요. 토순이 식탁에 앉혀요."
4. "어린이집에 가야 해요. 토순이 옷 입혀요."
5. "밖에 나가요. 토순이 신발 신겨요."

활동 2 밖에 나가요

1. “어린이집 차가 왔네요. 토순이 차에 태워요.”
2. “동물원 구경 왔어요. 다리가 아파요. 토순이 업어요.”
3. “더워요. 토순이 점퍼 벗겨요.”
4. “비가 오네요. 토순이 우산 씌워요.”
5. “____________________”

활동 3 집에 돌아왔어요

1. “집에 도착했어요. 토순이 엄마에게 안겨요.”
2. “배가 고파요. 토순이 저녁 먹여요.”
3. “피곤해요. 토순이 눕혀요.”
4. “졸려요. 토순이 재워요.”
5. “____________________”

활동 4 함께 생각하고 더 이야기 나눠요

1. ‘먹다’의 사동과 피동은 각각 무엇일까요?
2. 다음 형용사의 사동 표현은 무엇일까요?

— 넓다: __________

— 높다: __________

— 밝다: __________

— 크다: __________

3. 다음 동사의 피동 표현은 무엇일까요?

— 잡다: ______________

— 풀다: ______________

— 쫓다: ______________

— 꺾다: ______________

전문가의 Tip

Q 아이가 지루해하나요?

→ 돌발 상황을 만들어보세요. 도둑이 들거나 불이 나거나 비가 오는 일처럼 예상하지 못한 일은 새로운 대화를 이끌어냅니다.

PLAY 25

사진 보며 기억하기

아이와 함께 사진을 보며 이야기를 나누면서 올바른 시제 표현을 들려줍니다. 예전 일은 '~했다' 혹은 '~했었다'라고 말하고, 앞으로 일어날 일이나 하고 싶은 일은 "~ㄹ 거야", "~ㄹ래"라고 말합니다.

+ 적정 연령 + 37~40개월
+ 목 표 + 과거의 일 설명하기, 시간의 순서에 맞는 표현 들려주기
+ 준 비 물 + 아이의 예전 사진
+ 연관 자료 + 《말문이 터지는 언어놀이》 142쪽

활동 | **지난 일을 이야기해요**

아이의 예전 사진을 꺼내서 함께 보며 이야기합니다.

어른: "우리 이때 뭐 했지?"

아이: "놀이동산 갔어."

어른: "맞아, 놀이동산에서 범퍼카 탔어."

어른: "이건 언제 찍은 거지?"

아이: "바닷가에서."

어른: "그렇구나. 지난번에 바닷가에서 찍었어. 그때 물놀이했었다."

활동 2 시간 순서로 이야기해요

특정일의 사진을 보며 어떤 일이 있었는지를 시간 순서대로 이야기합니다.

어른: "우리 이때 뭐 했지?"

아이: "놀이동산 갔어."

어른: "맞아, 놀이동산에서 범퍼카 탔어. 그리고 나서 뭐 했더라?"

아이: "________________________"

어른: "이건 언제 찍은 거지?"

아이: "바닷가에서."

어른: "그렇구나. 지난번에 바닷가에서 찍었어. 그때 물놀이했었다. 우리 그전에 뭐 했더라?"

아이: "________________________"

활동 3 앞으로 할 일 또는 일어날 일을 이야기해요

사진을 다 본 뒤에 무엇을 할지 이야기합니다.

어른: "사진 다 봤다! 이제 뭐 할까?"

아이: "블록 놀이."

어른: "좋아, 우리 이제 블록 놀이할 거야. 뭐 할 거라고?"

아이: "______________________"

어른: "사진 다 봤다! 이제 뭐 하고 싶어?"

아이: "졸려."

어른: "졸리는구나. 그럼 잘 거야?"

아이: "______________________"

활동 4 함께 생각하고 더 이야기 나눠요

1. 오늘 한 일을 과거 시제로 말해요.
2. 내일 할 일을 미래 시제로 말해요.
3. 하고 싶었지만 하지 못한 일에 대해 올바른 시제로 말해요.

전문가의 Tip

Q 아이가 흥미를 보이나요?

→ 스스로 사진을 찍게 해보세요. 찍고 싶은 것을 미리 말하고(미래), 찍고 나서(과거) 그 사진을 보며 이야기 나눌 수 있어요.

PLAY 26

연상 게임

낱말을 하나 정하고 관련 그림을 순차적으로 제시합니다. 아이는 그 그림들을 보고 낱말을 맞혀야 합니다. 이때 그림은 연상의 단서로 쓰이므로 너무 많은 정보가 담긴 그림은 적합하지 않습니다.

+ **적정 연령** + 41~44개월
+ **목　　표** + 연관성 이해하기
+ **준 비 물** + 다양한 종류의 그림들, 누름종(기계식 호출 벨)
+ **연관 자료** + 《말문이 터지는 언어놀이》 150쪽

활동 | **동물/과일/탈것/음식을 연상해요**

관련 그림들을 순차적으로 제시하며 아이가 낱말을 맞히도록 힌트를 줍니다. 없는 그림은 어른이 빈 카드에 직접 그려주세요.

1. "동물이에요. 뭘까요?" → 줄무늬 그림 제시(5초 기다리기) → 말발굽 그림 제시(5초 기다리기) → 갈기 그림 제시(5초 기다리기) → (아이가 대답하기) "얼룩말!"

② "과일이에요. 뭘까요?" → 동그라미 그림 제시(5초 기다리기) → 까만 씨 그림 제시(5초 기다리기) → 줄무늬 그림 제시(5초 기다리기) → (아이가 대답하기) "수박!"

③ "탈것이에요. 뭘까요?" → 자동차 그림 제시(5초 기다리기) → 사다리 그림 제시(5초 기다리기) → 불 그림 제시(5초 기다리기) → (아이가 대답하기) "소방차!"

④ "음식이에요. 뭘까요?" → 물결무늬 그림 제시(5초 기다리기) → 그릇 그림 제시(5초 기다리기) → 젓가락 그림 제시(5초 기다리기) → (아이가 대답하기) "국수!" 또는 "짜장면!" 또는 "짬뽕!" 또는 "스파게티!"

활동 2 운동경기를 연상해요

① "운동이에요. 뭘까요?" → 발 그림 제시(5초 기다리기) → 축구공 그림 제시(5초 기다리기) → 축구 골대 그림 제시(5초 기다리기) → (아이가 대답하기) "축구!"

② "운동이에요. 뭘까요?" → 야구방망이 그림 제시(5초 기다리기) → 야구공 그림 제시(5초 기다리기) → 글러브 그림 제시(5초 기다리기) → (아이가 대답하기) "야구!"

③ "운동이에요. 뭘까요?" → 물결 그림 제시(5초 기다리기) → 수영모자 그림 제시(5초 기다리기) → 수영복 그림 제시(5초 기다리기) → (아이가 대답하기) "수영!"

④ "운동이에요. 뭘까요?" → 라켓 그림 제시(5초 기다리기) → 테니스공 그림 제시(5초 기다리기) → 네트 그림 제시(5초 기다리기) → (아이가 대답하기) "테니스!"

활동 3 장소를 연상해요

1. "어디일까요?" → 병원 표시(✚) 제시(5초 기다리기) → 주사기 그림 제시(5초 기다리기) → 청진기 그림 제시(5초 기다리기) → (아이가 대답하기) "병원!"
2. "어디일까요?" → 책상 그림 제시(5초 기다리기) → 책 그림 제시(5초 기다리기) → 칠판 그림 제시(5초 기다리기) → (아이가 대답하기) "학교!"
3. "어디일까요?" → 불 그림 제시(5초 기다리기) → 소방관 그림 제시(5초 기다리기) → 소방차 그림 제시(5초 기다리기) → (아이가 대답하기) "소방서!"
4. "어디일까요?" → 그네 그림 제시(5초 기다리기) → 시소 그림 제시(5초 기다리기) → 미끄럼틀 그림 제시(5초 기다리기) → (아이가 대답하기) "놀이터!"

활동 4 계절을 연상해요

1. "언제일까요?" → 새싹 그림 제시(5초 기다리기) → 꽃 그림 제시(5초 기다리기) → 병아리 그림 제시(5초 기다리기) → (아이가 대답하기) "봄!"
2. "언제일까요?" → 수박 그림 제시(5초 기다리기) → 선풍기 그림 제시(5초 기다리기) → 해수욕장 그림 제시(5초 기다리기) → (아이가 대답하기) "여름!"
3. "언제일까요?" → 단풍잎 그림 제시(5초 기다리기) → 잎 떨어진 나무 그림 제시(5초 기다리기) → 허수아비 그림 제시(5초 기다리기) → (아이가 대답하기) "가을!"
4. "언제일까요?" → 목도리 그림 제시(5초 기다리기) → 눈썰매 그림 제시(5초 기다리기) → 눈사람 그림 제시(5초 기다리기) → (아이가 대답하기) "겨울!"

활동 5 함께 생각하고 더 이야기 나눠요

1. 동그라미를 보면 떠오르는 것들을 적어보세요.
2. 웃는 얼굴을 보면 떠오르는 것들을 적어보세요.
3. 꽃을 보면 떠오르는 것들을 적어보세요.

전문가의 Tip

Q 아이가 흥미를 보이나요?

→ 그림과 함께 말로 단서를 설명해보세요. 예를 들어, 소방차 그림 카드를 보면서 "이것은 자동차예요. 사다리가 달렸어요. 불을 끕니다"라고 설명할 수 있습니다.

→ 결정적인 단서는 나중에 보여주세요.

→ 처음 그림을 보고 낱말을 맞히면 50점, 두 번째 그림을 보고 맞히면 30점, 세 번째 그림을 보고 맞히면 10점 식으로 문제를 맞힐 때마다 점수를 매겨요.

PLAY 27

계절을 알리는 소리

낱말을 정하고 그 낱말을 연상할 수 있는 소리로 힌트를 줍니다. 앞의 '연상 게임'이 시각적인 단서에 의지해서 낱말을 연상했다면, 이번 활동은 소리가 단서입니다. 입으로 소리를 내거나 스마트폰을 활용하세요. 필요하다면 동작 힌트를 주세요.

+ **적정 연령** + 49~52개월
+ **목표** + 의성어와 의태어로 연상하기
+ **준비물** + 누름종, 스마트폰
+ **연관 자료** + 《말문이 터지는 언어놀이》 153쪽

활동 **소리를 듣고 계절을 떠올려요**

1. 삐악삐악(병아리)—개굴개굴(개구리)—졸졸(시냇물) → "______________"
2. 맴맴맴(매미)—철썩철썩(파도)—윙잉(선풍기)—앵앵(모기) → "______________"
3. 귀뚤귀뚤(귀뚜라미)—바스락바스락(낙엽)—부엉부엉(부엉이) → "______________"

4. 뽀드득(눈 밟는 소리)—휘잉휘잉(바람 소리)—따닥따닥(불 때는 소리)

→ "__________"

활동 2 소리를 듣고 동작을 보며 직업을 떠올려요

1. 삐뽀삐뽀(사이렌)—삐익삐익(호루라기)—교통정리 수신호(동작)

   → "__________"

2. 싹둑싹둑(가위)—휘이잉(드라이어)—머리 감기(동작) → "__________"
3. 삐뽀삐뽀(소방차)—쏴아쏴아(소방호스)—불 끄기(동작) → "__________"
4. 딱딱딱딱(도마질)—보글보글(물 끓이기)—접시에 담기(동작)

   → "__________"

활동 3 소리를 듣고 동작을 보며 떠올려요

1. 땅땅땅—망치질 동작 → "__________"
2. 슥삭슥삭—톱질 동작 → "__________"
3. 위잉위잉—구멍 파는 동작 → "__________"
4. 영차영차—땅 파는 동작 → "__________"

활동 4 함께 생각하고 더 이야기 나눠요

1. 물소리를 들으면 무엇이 떠오르나요?
2. 사이렌 소리를 들으면 어떤 상황이 떠오르나요?
3. 들으면 기분이 좋아지는 소리는 무엇인가요?

Q 아이가 어려워하나요?

→ 동작을 최대한 활용하세요. "삐악삐악" 하면서 병아리 흉내를 내거나, "싹둑싹둑" 하면서 손으로 가위 모양을 만들어요.

Q 아이가 집중하나요?

→ 아이의 주의를 끄는 다른 요소들을 제거하세요.

PLAY

28

몇 개인지 알아맞히기

테이블 위에 콩을 올려놓고 어른이 손으로 움켜쥐면 몇 개의 콩을 잡았는지 아이가 맞히는 놀이예요. 아이는 테이블에 남은 콩으로 어른이 몇 개의 콩을 쥐고 있는지 유추할 수 있습니다. 불투명한 병 안에 콩을 넣고 흔들어 소리만 듣고 몇 개인지 맞히는 놀이도 할 수 있어요. 정확한 수에 근접하도록 "~보다 많다/적다" 식으로 힌트를 주세요.

+ **적정 연령** + 45~48개월
+ **목 표** + 1부터 10까지 세기, '~보다 많다/적다' 표현 들려주기
+ **준 비 물** + 검은콩 10개, 불투명한 병
+ **연관 자료** + 《말문이 터지는 언어놀이》 156쪽

활동 | **손 안에 있는 콩의 개수를 맞혀요**

테이블 위에 콩을 아래와 같이 올려놓은 뒤 아이가 눈을 감은 사이 몇 개를 손으로 움켜쥐고 앞으로 내밉니다. 어른이 묻고 아이가 답합니다.

1. 테이블에 콩 5개를 올려놓습니다. → 아이에게 눈을 감으라고 합니다. → 그 중 1개를 손에 쥡니다. → (아이가 눈을 뜨면) "몇 개일까요?"

② 테이블에 콩 7개를 올려놓습니다. → 아이에게 눈을 감으라고 합니다. → 그중 3개를 손에 쥡니다. → (아이가 눈을 뜨면) "몇 개일까요?"

③ 테이블에 콩 10개를 올려놓습니다. → 아이에게 눈을 감으라고 합니다. → 그중 5개를 손에 쥡니다. → (아이가 눈을 뜨면) "몇 개일까요?

활동 2 병 속에 들어 있는 콩의 개수를 맞혀요

속이 보이지 않는 병 안에 콩을 몇 개 넣고 마개를 닫습니다. 병을 흔들어서 소리를 듣습니다.

어른: "몇 개일까요?"

아이: "한 개요."

어른: "그것보다 많아요."

아이: "두 개요."

어른: "그것보다 훨씬 많아요."

아이: "일곱 개요."

어른: "그것보다는 적어요."

아이: "여섯 개요."

어른: "그것보다 한 개 적어요."

아이: "다섯 개!"

어른: "맞혔어요!" (병 속에 담긴 콩을 보여줍니다.)

활동 3 함께 생각하고 더 이야기 나눠요

다음 사물을 세는 단위는 무엇일까요?

1. 신발: ____________
2. 옷: ____________
3. 책: ____________
4. 꽃: ____________
5. 종이: ____________
6. 연필: ____________

전문가의 Tip

Q 아이가 흥미를 보이나요?

→ 역할을 바꾸어서 아이가 문제를 내게 한 뒤 서로 점수를 매깁니다. 맞힌 횟수가 많은 사람이 승리합니다.

→ 어려워하면 손가락 힌트를 주세요.

제 3 장

상황 놀이를 하며 문장으로 말해요

PLAY 29

책으로 지은 집

다양한 상황을 가정해 책으로 집을 짓고 무너뜨립니다. 손님이 찾아오는 경우, 도둑이 들어온 경우, 집이 무너져서 119에 전화를 하는 경우에 해야 하는 말과 짧은 대화를 들려주세요.

+ **적정 연령** + 25~28개월
+ **목 표** + "안녕하세요", "누구세요", "안녕히 가세요", "도와주세요" 등 일상적인 표현 익히기
+ **준 비 물** + 그림책 여러 권, 장난감 자동차, 인형
+ **연관 자료** + 《말문이 터지는 언어놀이》 162쪽

활동 1 손님이 왔어요

책을 쌓아 집을 짓고 손님이 온 상황을 가정해 인형으로 역할극을 해요.

❶ 문 두드리기

아이(손님): "똑똑."

어른(집주인): "누구세요?"

아이: "○○이에요. ○○이 있어요?"

어른: "네, 있어요. 들어오세요."

② 인사하기

아이(손님): "안녕하세요."

어른(집주인): "어서 오세요, 반가워요."

어른: "안녕히 가세요."

아이: "안녕히 계세요."

③ 택배 받기

어른(택배 기사): "똑똑."

아이(집주인): "누구세요?"

어른: "택배 왔어요."

아이: "네, 들어오세요."

활동 2 도둑이 들었어요

집에 도둑이 든 상황을 가정해요.

① 신고하기

어른(경찰): "따르릉, 경찰서입니다."

아이(집주인): "집에 도둑이 들었어요."

어른: "어디예요?"

아이: "○○시 ○○동이에요."

② 도둑맞은 물건 말하기

아이(집주인): "도둑이 들었어요."

어른(경찰): "뭐가 없어졌어요?"

아이: "도둑이 우유를 훔쳐 갔어요."

활동 3 집이 무너졌어요

지진으로 집이 무너진 상황을 가정하고 아이가 119에 도움을 요청하는 역할을 해요.

1. 119에 신고하기

   아이(집주인): "여보세요."

   어른(119 상담 요원): "네, 119 구급대입니다. 말씀하세요."

   아이: "집이 무너졌어요. 지진이에요. 도와주세요."

   어른: "주소가 어떻게 돼요?"

   아이: "○○시 ○○동이에요."

   어른: "네, 출동합니다."

2. 다친 사람 구하기

   아이(집주인): "도와주세요. 여기 사람이 다쳤어요."

   어른(119 상담 요원): "어디를 다쳤나요?"

   아이: "팔을 다쳤어요."

   (구급차가 도착한 뒤)

   어른: "구급차에 타요. 삐요삐요, 길 비켜요."

활동 4 함께 생각하고 더 이야기 나눠요

1. 책 이외에 집 짓기 좋은 재료를 생각해요. 종이컵도 좋습니다.
2. 지붕, 창문, 현관문처럼 집의 부분을 일컫는 말을 생각나는 대로 적어보세요.
3. 집에서 일어날 수 있는 재미있는 사건을 생각나는 대로 적어보세요.

전문가의 Tip

Q 아이가 흥미를 보이나요?

→ 소리나 동작을 크게 해보세요. "우와!", "우당탕탕", "와장창!" 하는 소리 반응, 표정 연기에 신경 써주세요.

Q 어른의 말을 잘 따라 하나요?

→ 어른이 먼저 말을 한 후 눈짓으로 따라 하라는 신호를 주세요.

→ 사건의 진행 속도를 조절하면서 아이가 말할 시간을 주세요.

PLAY 30

병원 놀이

소꿉놀이로 병원 놀이를 하면서 의사와 환자 역할을 합니다. 병원에서 오가는 말들을 간단한 문장 표현으로 들려주세요.

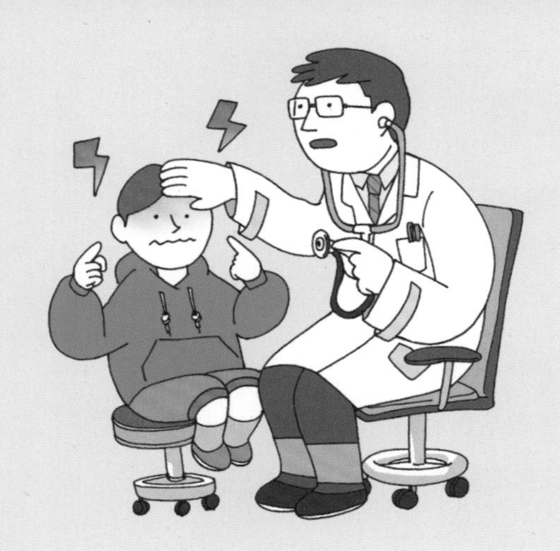

+ **적정 연령** + 25~28개월
+ **목표** + "배 아파요", "머리 아파요", "주사 맞아요", "약 먹어요" 등 병원에서 쓰는 표현 익히기
+ **준비물** + 병원 놀이 세트
+ **연관 자료** + 《말문이 터지는 언어놀이》 166쪽

활동 | **진료 접수를 해요**

① 접수를 할 때

어른(간호사): "어서 오세요, 이름이 뭐예요?"

아이(환자): "○○○이에요."

어른: "기다리세요."

② 진찰을 기다릴 때

어른(간호사): "○○○님이 누구예요?"

아이(환자): "저예요."

어른: "들어오세요."

활동 2 아픈 곳을 진찰 받아요

1. 배가 아플 때

어른(의사): "어서 오세요. 어디가 아파요?"

아이(환자): "배가 아파요."

어른: "윗옷을 올려요. (청진기를 대며) 숨을 크게 쉬세요."

2. 감기 기운이 있을 때

어른(의사): "어서 오세요. 어디가 아파요?"

아이(환자): "기침해요/목 아파요/열나요/코 막혀요."

어른: "아~ 해보세요."

아이: "아~~."

어른: (입안 검사 및 체온을 재요.)

3. 이가 아플 때

어른(의사): "어서 오세요. 어디가 아파요?"

아이(환자): "이가 아파요."

어른: "아, 해보세요."

아이: "아~~."

어른: "여기 충치가 있네요."

4. 다리가 아플 때

아이(의사): "어서 오세요. 어디가 아파요?"

어른(환자): "다리가 아파요."

아이: "바지 걷어요."

어른: "피가 나요. 다쳤어요."

5 ________가 아플 때

아이(의사): "어서 오세요. 어디가 아파요?"

어른(환자): "________가 아파요."

아이: "________________"

어른: "________________"

활동 3 처방 받아요

1. "주사 맞아요."
2. "소독해요."
3. "약 발라요."
4. "붕대 감아요."
5. "마취해요."
6. "이를 뽑아요."
7. "________"

활동 4 함께 생각하고 더 이야기 나눠요

1. 최근 병원에 갔던 일이 있나요? 무엇을 했는지 순서대로 이야기해보세요.
2. 병원에서 쓰는 의료 기구를 생각나는 대로 이야기해보세요.
3. 집에 있는 의료 기구와 그 쓰임새를 살펴보세요.

전문가의 Tip

Q 아이가 흥미를 보이나요?

→ 캐릭터 인형을 활용하세요. 뽀로로가 감기에 걸리거나, 로보카 폴리가 다쳐서 찾아오는 상황을 연출합니다.

→ 어른도 그 상황에 몰입해야 아이가 더 재미있어합니다.

PLAY

31

가게 놀이

한 사람은 가게 주인, 한 사람은 손님 역할을 해요. 인사하기, 가격 물어보기, 돈 건네기, 물건 받기 등 가게에서 물건을 사고파는 상황을 연출하면서 일상의 표현을 배웁니다.

+ 적정 연령 + 25~28개월
+ 목 표 + "뭐예요?", "얼마예요?", "○○ 팔아요", "○○ 주세요" 등의 표현 익히기
+ 준 비 물 + 가게 놀이 세트
+ 연관 자료 + 《말문이 터지는 언어놀이》 169쪽

활동 | **과일 가게에 가요**

1. 인사하기

아이(손님): "계세요?"

어른(가게 주인): "어서 오세요."

아이: "여기 과일 가게인가요?"

어른: "네, 맞아요."

2. 묻고 대답하기

어른(가게 주인): “뭐 드릴까요?”

아이(손님): “사과 있나요?”

어른: “네, 있어요.”

아이: “한 개에 얼마예요?”

어른: “500원이에요.”

3. 계산하기

아이(손님): “두 개 주세요.”

어른(가게 주인): “1,000원이에요.”

아이: “여기 있습니다.”

어른: “고맙습니다. 안녕히 가세요.”

활동 2 생선 가게에 가요

1. 인사하기

아이(손님): “안녕하세요.”

어른(가게 주인): “어서 오세요.”

아이: “여기 생선 가게인가요?”

어른: “네, 맞아요.”

2. 묻고 대답하기

어른(손님): “뭐 드릴까요?”

아이(가게 주인): “고등어 있나요?”

어른: “네, 있어요.”

아이: “한 마리에 얼마예요.”

어른: “1,000원이에요.”

③ 계산하기

아이(손님): "세 마리 주세요."

어른(가게 주인): "3,000원이에요."

아이: "여기 있습니다."

어른: "고맙습니다. 또 오세요."

활동 3 미용실에 가요

① 인사하기

어른(손님): "안녕하세요."

아이(가게 주인): "어서 오세요."

어른: "여기 미용실인가요?"

아이: "네, 맞아요."

② 머리 깎기

어른(손님): "머리 깎아주세요."

아이(가게 주인): "어떻게 깎을까요?"

어른: "예쁘게 깎아주세요."

아이: "네, 자리에 앉으세요. 싹뚝싹뚝."

③ 계산하기

아이(가게 주인): "다 깎았습니다."

어른(손님): "얼마예요?"

아이: "5,000원이에요."

어른: "여기 있습니다."

아이: "고맙습니다. 안녕히 가세요."

활동 4 음식점에 가요

1. 인사하기

어른(손님): “안녕하세요.”

아이(가게 주인): “어서 오세요. 뭐 드릴까요?”

어른: “국수 있나요?”

아이: “네, 있어요.”

2. 주문하기

어른(손님): “국수 두 그릇 주세요.”

아이(가게 주인): “네. (부시럭부시럭) 국수 나왔습니다. 맛있게 드세요.”

3. 계산하기

어른(손님): “다 먹었어요. 얼마예요?”

아이(가게 주인): “10,000원이에요.”

어른: “여기 있습니다.”

아이: “고맙습니다. 안녕히 가세요.”

어른: “네, 잘 먹었습니다.”

활동 5 함께 생각하고 더 이야기 나눠요

1. 우리 동네 상가에는 어떤 가게들이 있나요?
2. 전화로 물건을 주문할 때는 어떻게 하나요? 직접 가서 살 때와 어떤 차이가 있나요?

전문가의 Tip

Q 아이가 흥미를 보이나요?

→ 손님과 주인 역할을 바꿔가며 해보세요.

→ 차를 타고 가게에 가거나 사온 물건으로 요리를 하는 등 놀이 상황을 계속 이어가보세요.

PLAY 32

방석 차 타기

아이가 방석을 깔고 앉으면 어른이 앞에서 끌거나 뒤에서 밀어요. 방향을 묻거나 승객을 태우면서 의성어나 짧은 문장을 말하도록 유도해요.

+ 적정 연령 + 25~28개월
+ 목　　표 + "빵빵 차 가요", "○○이 차 타요" 등 표현 주고받기
+ 준 비 물 + 아이가 탈 방석, 큰 수건, 이불, 큰 상자, 인형
+ 연관 자료 + 《말문이 터지는 언어놀이》 172쪽

활동 | **차를 타요**

1. "○○이 타요! → 빵빵! 출발해요. → 모두 비켜요."
2. "○○이 차 출발합니다. → 빵빵! 비켜요."
3. "○○이 방석 차 가요. → 아빠가 밀어요/끌어당겨요. 출발!"

활동 2 방향과 목적지를 말해요

1. "방석 차 앞으로 가요. → 옆으로 돌아요, 꼭 붙잡아요."
2. "빵빵! 뽀로로 집에 가요. → 다 왔어요, 다음은 콩순이 집으로 가요."
3. "빵빵! 동물원 가요. → 뒤로 돌아요, 꼭 붙잡아요."

활동 3 승객이나 물건을 태워요

1. "뽀로로 학교에 가요. → 뽀로로야, 어서 타. → 다 왔어요, 뽀로로 내려요."
2. "뽀로로야, 어디 갈래? → 좋아요, 동물원에 가요. → 다 왔어요, 뽀로로 내려요."
3. "차에 사과를 실어요. → 출발! → 다 왔어요, 사과를 내려요."

활동 4 사고가 났어요

1. "차가 고장 났어요. → 내려요. → 고쳤어요. → 다시 출발~."
2. "앞에 돼지가 있어요. → 조심해요. 돼지야, 비켜! → 꽝, 부딪쳤어요. → 다쳤어요. 도와주세요."
3. "차가 섰어요. → 기름이 떨어졌어요. → 주유소에 가요. → 기름을 넣어요. → 다시 출발!"

활동 5 함께 생각하고 더 이야기 나눠요

1. 방석 차로 가고 싶은 곳은 어디인가요?
2. 방석처럼 아이가 집에서 탈 만한 것은 무엇인가요?

전문가의 Tip

Q 아이가 재미있어하나요?

→ 속도를 조절하세요. 빨리 달리다가 멈추는 등 속도에 변화를 주면 아이가 스릴을 느낄 거예요.

Q 말로 표현을 잘하나요?

→ 차를 멈추고 아이가 "출발" 또는 "빵빵! 가요" 할 때까지 기다리세요.

→ 승객을 태울 때, 목적지로 향할 때는 '누구/어디' 등의 질문을 통해 표현을 유도하세요.

PLAY 33

장난감 자동차 굴리고 받기

아이와 거리를 두고 마주 앉습니다. 굴러가는 장난감 자동차를 주고받으며 짧은 구절로 표현하도록 유도하세요.

+ 적정 연령 + 25~28개월
+ 목　　표 + "차 굴려요", "버스 밀어요" 등 표현 주고받기
+ 준 비 물 + 장난감 자동차, 인형
+ 연관 자료 + 《말문이 터지는 언어놀이》 176쪽

활동 | **공을 굴려요**

1. "○○아, 공 굴려!" → (아이가 공을 굴려요.) → "잡았다! 잘했어요. ○○이가 공 굴렸어요."
2. "○○아, 공 굴린다. 받아!" → (아이가 공을 받아요.) → "잘했어요. ○○이가 공 받았어요."
3. "○○아, 굴릴까?" → (아이가 대답하면) → "좋아, 굴린다. 잘 받아~."
4. "○○아, 받을까?" → (아이가 대답하면) → "좋아, 내가 받을게. 굴려~."

활동 2 장난감 자동차를 굴려요

1. "빵빵, 자동차 굴려요." → (아이가 장난감 자동차를 굴려요.) → "잡았다! 잘했어요. ○○이가 자동차 굴렸어요."
2. "빵빵, 버스 밀어요." → (아이가 장난감 버스를 밀어요.) → "잡았다! 잘했어요. ○○이가 버스 밀었어요."
3. "○○아, 소방차 굴릴까?" → (아이가 대답하면) → "좋아, 굴린다. 잘 받아~."
4. "○○아, 경찰차 밀까?" → (아이가 대답하면) → "좋아, 민다. 잘 받아~."

활동 3 인형을 태우고 내려줘요

1. "돼지가 타요. 굴려요!" → (아이가 장난감 자동차를 굴려요.) → "잘했어요. 이제 돼지 내려요."
2. "기린이 타요. 밀어요!" → (아이가 장난감 버스를 밀어요.) → "잘했어요. 이제 기린 내려요."
3. "○○아, 하마 탈까?" → (아이가 대답하면) → "좋아, 하마 탄다. (해마를 태우고 굴리며) 받아~."
4. "○○아, 얼룩말 내릴까?" → (아이가 대답하면) → "좋아, 얼룩말 내린다. (빈 차를 굴리며) 받아~."

활동 4 함께 생각하고 더 이야기 나눠요

1. 공처럼 아이와 거리를 두고 주고받을 장난감엔 무엇이 있나요?
2. 주고받으면서 표현할 수 있는 의성어나 의태어엔 무엇이 있나요?

전문가의 Tip

Q 아이가 흥미를 보이나요?

→ 동작을 크게 해보세요. 물건을 주고받을 때 몸을 던지거나 넘어지는 등 과장된 행동은 아이의 흥미를 끕니다.

Q 말로 표현을 잘하나요?

→ 주고받기를 멈추고 아이가 상황에 필요한 말을 할 때까지 기다리세요.

→ 어른이 말한 후 아이의 눈을 보며 말을 하도록 신호를 주세요.

PLAY 34

종이접기

종이접기를 하면서 만드는 방법을 설명해요. 아이는 설명을 들으면서 접기, 펼치기, 붙이기, 자르기, 오리기 등 관련 동사와 함께 '을/를'이 포함된 문장을 익힙니다.

+ 적정 연령 + 41~44개월
+ 목 표 + '색종이를 접다/펴다/뒤집다' 등의 문장 주고받기, '을/를'이 포함된 문장 들려주기
+ 준 비 물 + 색종이, 풀, 가위
+ 연관 자료 + 《말문이 터지는 언어놀이》 179쪽

활동 | **하나의 동작을 짧은 문장으로 설명해요**

1. "색종이를 접어요. → 색종이를 반으로 접어요. → 빨간색 색종이를 반으로 접어요."
2. "색종이를 오려요. → 색종이를 둥글게 오려요. → 파란색 색종이를 둥글게 오려요."
3. "색종이를 붙여요. → 색종이를 풀로 칠해요. → 노란색 색종이를 풀로 칠해요."

활동 2 연속 동작을 긴 문장으로 설명해요

1. "색종이를 접어서 오려요. → 색종이를 반으로 접어서 오려요. → 주황색 색종이를 반으로 접어서 오려요."
2. "색종이를 오려서 붙여요. → 색종이를 둥글게 오려서 붙여요. → 초록색 색종이를 가위로 오리고 풀로 붙여요."
3. "색종이를 뒤집어서 펴요. → 색종이를 반대로 뒤집어서 펴요. → 보라색 색종이를 뒤집어서 반듯하게 펴요."

활동 3 함께 생각하고 더 이야기 나눠요

1. 다 만들고 나서 어떻게 만들었는지를 기억하면서 이야기해요.
2. 그림이나 사진으로 종이접기 작품을 보고 어떻게 접었을지 함께 이야기해요.

전문가의 Tip

Q 아이가 어려워하나요?

→ 어려워한다면 모양이 단순하고 접기 쉬운 것부터 해보세요.

PLAY

35

장난감 자동차 만들기

상자, 빨대, 병뚜껑 등 재활용품을 이용해 자동차를 만듭니다. 도구를 이용해서 모양을 바꾸고 조립하면서 '~을/를 ~하다'와 같은 표현을 들려주세요.

+ 적정 연령 + 33~36개월
+ 목 표 + "가위로 잘라요", "풀로 붙여요", "구멍을 뚫어요" 등의 표현 들려주기
+ 준 비 물 + 만들기 도구와 재료
+ 연관 자료 + 《말문이 터지는 언어놀이》 182쪽

활동 **하나의 동작을 짧은 문장으로 설명해요**

1. "가위로 상자를 잘라요. → 송곳으로 구멍을 뚫어요. → 풀로 바퀴를 붙여요. → 색연필로 색칠해요."
2. "종이를 붙여요. → 털실을 감아요. → 철사를 구부려요. → 고무줄을 잡아당겨요."
3. "______________________________"

활동 2 연속 동작을 긴 문장으로 설명해요

1. "빨대를 자르고 이어서 붙여요. → 송곳으로 구멍을 뚫고 빨대를 끼워요. → 병뚜껑 두 개를 붙이고 빨대에 꽂아요."
2. "철사를 구부려서 털실로 감아요. → 고무줄을 잡아당겨서 클립에 걸어요. → 바퀴를 붙이고 색칠해요."
3. "______________________________"

활동 3 만들면서 질문을 해요

1. "가위로 종이를 잘라요. 이거 어떻게 해요?" → (아이가 대답하면) → "맞아요, 종이를 잘라요!"
2. "송곳으로 구멍을 뚫어요. 방금 어떻게 했어요?" → (아이가 대답하면) → "맞아요. 구멍을 뚫었어요!"
3. "테이프로 바퀴를 붙여요. 어떻게 한다고요?" → (아이가 대답하면) → "맞아요. 바퀴를 붙여요!"
4. "______________________________"

활동 4 함께 생각하고 더 이야기 나눠요

1. 만들기 도구 각각의 쓰임새를 이야기 나눠요.
2. 인터넷에서 재활용품으로 만든 작품을 검색해보고 어떻게 만들었을지 이야기를 나눠요.

전문가의 Tip

Q 아이가 흥미를 보이나요?

→ 역할을 나누세요. 어른이 할 수 있는 일은 어른이, 아이가 해볼 만한 일은 아이가 해요.

Q 아이가 어려워하나요?

→ 완성이 아닌 과정에 목표를 두세요.

PLAY 36

어린이날 사진 보며 말하기

어린이날처럼 특별한 날에 함께 즐거운 시간을 보낸 사진을 보며 이야기를 나눠요. 무엇을 했는지, 어디를 갔는지, 무슨 일이 있었는지, 사진 속 배경에 보이는 건 무엇인지를 이야기 나누다 보면 다양한 표현을 주고받을 수 있습니다.

+ **적정 연령** + 29~32개월
+ **목표** + 경험 설명하기, 묻고 대답하기
+ **준비물** + 사진
+ **연관 자료** + 《말문이 터지는 언어놀이》 191쪽

활동 **무엇을 했는지 말해요**

아이와 함께 사진을 봅니다. 어른이 묻고 아이가 대답하면서 문장을 구성합니다.

1. "여기 어디에요? → 누가 있어요? → 우리 거기서 뭐 했지?"
2. "그래요, 우리 어린이날 공원에서 축구했어요."

① "이때가 언제더라? → 누구지? → 뭐 하는 거니?"

② "맞아, 생일날 친구들과 케이크 먹었어."

① "이게 뭐야? → 여기가 어디지? → 무엇을 하는 걸까?"

② "그렇구나. 주말농장에서 감자를 캤구나."

활동 2 어떤 장면인지 말해요

아이와 함께 사진을 봅니다. 묻고 답하기, 문장 채우기 등으로 표현을 유도합니다.

① "하늘에 뭐가 있네? 이게 뭘까?"

② "맞아, 하늘에 구름이 떠 있어."

① "여기 아저씨 간다. 아저씨가 뭘 타고 있네?"

② "맞아, 아저씨가 길에서 자전거를 타요."

① "새가 보인다. 어디에 앉아 있는 거야?"

② "그렇구나. 나뭇가지 위에 새가 앉아 있어."

활동 3 무슨 일이 있었는지 말해요

사진을 보면서 무슨 일이 있었는지 이야기해요.

① "어? 우산을 쓰고 있네. 왜 우산을 썼을까?"

② "맞아요. 비가 오나 봐요. 그래서 우산을 썼어요."

① "여기 야구 방망이를 들고 있다. 우리 그때 뭐 했지?"

② "맞다. 나랑 공원에서 야구했지."

① "저 뒤에 소방차 지나간다. 무슨 일일까?"

② "그래, 불이 났나 봐. 그래서 소방차가 출동하는구나."

활동 4 함께 생각하고 더 이야기 나눠요

① 인물 사진을 보고 누가 언제 찍었는지 이야기 나눠요.

② 풍경 사진을 보고 언제 어디에서 찍었는지 이야기 나눠요.

전문가의 Tip

Q 아이가 흥미를 보이나요?

→ 아이가 직접 사진을 찍게 해보세요. 나중에 그 사진을 보고 이야기해요.

→ 엄마, 아빠의 어렸을 적 사진을 보고 함께 이야기해보세요.

PLAY

37

주말에 한 일 사진 보며 말하기

출력한 사진을 시간 순서대로 나열하고 설명하는 놀이입니다. 나들이를 가거나 장을 볼 때 미리 사진을 찍어두었다가 시간대별로 네 컷을 출력합니다. 아래를 참고해 단계적으로 진행하세요.

+ 적정 연령 + 41~44개월
+ 목 표 + 시간 순서에 따라 경험 재구성하기
+ 준 비 물 + 사진
+ 연관 자료 + 《말문이 터지는 언어놀이》 203쪽

활동 | **마트에 갔어요**

① 사진 보며 함께 이야기하기

1 2 3 4 → "일요일에 마트에 갔어요—고기를 샀어요—구슬 아이스크림을 먹었어요—차를 타고 집으로 왔어요."

② 사진을 섞은 뒤에 다시 순서대로 나열하고 설명하기

1 4 2 3 → 1 2 3 4 → "일요일에 마트에 갔어요……."

③ 사진을 덮고 이야기하기

1 2 3 4 → ■ ■ ■ ■ → "무슨 일이 있었나요?" → "일요일에 마트에 갔어요……."

활동 2 놀이터에 갔어요

① 사진 보며 함께 이야기하기

1 2 3 4 → "놀이터에 갔어요—미끄럼틀을 탔어요—편의점에서 과자를 샀어요—집에 와서 맛있게 먹었어요."

② 사진을 섞은 뒤에 다시 순서대로 나열하고 설명하기

1 2 4 3 → 1 2 3 4 → "놀이터에 갔어요……."

③ 사진 덮고 이야기하기

1 2 3 4 → ■ ■ ■ ■ → "무슨 일이 있었나요?" → "놀이터에 갔어요……."

활동 3 블록 놀이를 했어요

① 사진 보며 함께 이야기하기

1 2 3 4 → "집에서 블록 놀이를 했어요—집을 지었어요—꼭대기에 공룡을 올렸어요—끝나고 정리했어요."

② 사진을 섞은 뒤에 다시 순서대로 나열하고 설명하기

1 2 4 3 → 1 2 3 4 → "집에서 블록 놀이를 했어요……."

③ 사진 덮고 이야기하기

1 2 3 4 → ■ ■ ■ ■ → "무슨 일이 있었나요?" → "집에서 블록 놀이를 했어요……."

활동 4 함께 생각하고 더 이야기 나눠요

1. 사진을 여러 장 출력한 후 중요한 사진과 그렇지 않은 사진으로 나눠보세요.
2. 여러 사진을 섞은 후 활동별로 정리해보세요. 놀이터 사진, 생일파티 사진, 나들이 사진 등으로요.

전문가의 Tip

Q 아이가 서투른가요?

→ 아이가 서투르거나 어려워하면 단서가 될 만한 낱말이나 사건을 말해주세요.

→ 앨범에 정리해보세요. 나중에 다시 볼 수 있습니다.

PLAY 38

요리법 말해보기

요리책이나 인터넷에서 요리 방법을 설명한 사진을 구해요. 함께 보면서 요리법을 이야기해요. 그다음에 사진을 섞고 순서대로 재배열한 후 요리법을 설명하게 합니다.

+ 적정 연령 + 45~48개월
+ 목 표 + 요리 과정 이야기하기
+ 준 비 물 + 요리책 등 요리 과정을 사진과 함께 소개한 자료
+ 연관 자료 + 《말문이 터지는 언어놀이》 207쪽

활동 **피자를 만들어요**

1. 사진 보며 함께 이야기하기

1 2 3 4 5 → "밀가루를 반죽해요—반죽을 넓게 펴요—양파, 옥수수콘, 햄을 올려요—치즈와 토마토케첩을 뿌려요—오븐에 구워요."

2. 사진을 섞은 뒤에 다시 순서대로 나열하고 설명하기

1 4 2 5 3 → 1 2 3 4 5 → "밀가루를 반죽해요……."

③ 사진 덮고 이야기하기

[1] [2] [3] [4] [5] → ■ ■ ■ ■ ■ → "피자 어떻게 만들어요?" → "밀가루를 반죽해요……."

활동 2 햄버거를 만들어요

① 사진 보며 함께 이야기하기

[1] [2] [3] [4] [5] → "햄버거 빵을 2장 준비해요—고기를 구워요—고기를 빵에 올려요—토마토, 양상추, 치즈를 빵에 올려요—케첩을 뿌려요—다른 빵으로 덮어요."

② 사진을 섞은 뒤에 다시 순서대로 나열하고 설명하기

[5] [1] [4] [2] [3] → [1] [2] [3] [4] [5] → "빵을 준비해요……."

③ 사진 덮고 이야기하기

[1] [2] [3] [4] [5] → ■ ■ ■ ■ ■ → "햄버거 어떻게 만들어요?" → "빵을 준비해요……."

활동 3 라면을 끓여요

① 사진 보며 함께 이야기하기

[1] [2] [3] [4] [5] → "물을 끓여요—라면 봉지를 뜯어요—면을 삶아요—스프를 넣어요—그릇에 담아요."

② 사진을 섞은 뒤에 다시 순서대로 나열하고 설명하기

[3] [5] [1] [2] [4] → [1] [2] [3] [4] [5] → "물을 끓여요……."

③ 사진 덮고 이야기하기

[1] [2] [3] [4] [5] → ■ ■ ■ ■ ■ → "라면은 어떻게 끓여요?" → "물을 끓여요……."

활동 4 **함께 생각하고 더 이야기 나눠요**

① 밀가루로 만드는 요리는 무엇이 있나요?

② 면 요리는 무엇이 있나요?

③ 고기로 만드는 요리는 무엇이 있나요?

전문가의 Tip

Q 아이가 흥미를 보이나요?

→ 인터넷 동영상을 보면서 이야기해보세요.

→ 간단한 요리를 함께 해보세요. 직접 경험하면 더 잘 설명할 수 있어요.

PLAY 39

발음 연습하기

아이들의 발음은 만 5세 이상이 되어야 안정됩니다. 그전까지는 소리를 빼먹거나 다른 소리로 내는 일이 흔합니다. 그러니 아이가 아직 만 5세가 안 됐다면 발음에 크게 신경 쓰지 않아도 됩니다. 그러나 전체적으로 말소리가 뭉개진다거나 특정 소리를 계속 잘못 내는 바람에 무슨 말인지 알아들을 수 없다면 연습이 필요합니다. 다음을 참고하되, 연습을 3~6개월 이상 해도 진전이 없으면 꼭 전문가와 상담하세요.

+ 목 표 + 바른 소리 내기

+ 연관 자료 + 《말문이 터지는 언어놀이》 212쪽

활동 | **모음 단음절 소리를 연습해요**

모음은 모든 소리의 뼈대입니다. 전체적으로 말소리가 불분명하다면 모음부터 연습하세요.

1. 숨을 들이마신 후 내쉬면서 '아' 음을 5초간 내요.
2. 숨을 들이마신 후 내쉬면서 '이' 음을 5초간 내요.
3. 같은 방식으로 '우', '에', '오' 음을 각각 연습해요.

활동 2 모음 다음절 소리를 연습해요

1. 숨을 들이마신 후 내쉬면서 '아아' 음을 5초간 내요.
2. 숨을 들이마신 후 내쉬면서 '아이' 음을 5초간 내요.
3. 같은 방식으로 '아우', '아에', '아오' 음을 각각 5초간 연습해요.
4. 같은 방식으로 '아아아', '아아이', '아아우', '아아에', '아아오' 음을 연습해요.

활동 3 입술소리(ㅁ, ㅂ, ㅍ, ㅃ)를 연습해요

입술의 움직임이 중요한 소리입니다. 소리를 잘 내려면 입술을 완전히 닫을 수 있어야 해요.

1. 입술 주변 마사지하기: 양쪽 엄지손가락으로 입술 주변(윗입술, 아래턱)을 안쪽에서 바깥쪽으로 8회씩 마사지합니다.
2. 입술 파열하기: 입술을 붙였다가 떼며 '파~' 소리를 8회 냅니다.
3. 콧소리 내기: 입을 닫고 코로 '음~' 소리를 8회 냅니다.
4. 의미 없는 소리 2음절을 연습합니다.
   — 아마, 아미, 아무, 아메, 아모
   — 아바, 아비, 아부, 아베, 아보
   — 아파, 아피, 아푸, 아페, 아포
   — 아빠, 아삐, 아뿌, 아뻬, 아뽀
5. ㅁ, ㅂ, ㅍ, ㅃ으로 시작하는 낱말을 연습합니다.
   — 마개, 마늘, 마름모, 마술, 마스크, 마이크, 매미, 머리, 메달, 메뚜기 등
   — 바구니, 바나나, 바늘, 바둑, 바람개비, 바이올린, 바지, 바퀴, 배, 배구, 배꼽 등

— 파, 파도, 파리, 파인애플, 퍼즐, 포도, 포크, 표범, 피리, 피아노, 피자 등

— 빼기, 뽀뽀, 뿌리, 삐약삐약, 삐에로, 빨강, 빨대, 빨래, 빵, 뿔 등

활동 4 ㄱ 계열 소리를 연습해요

ㄱ, ㅋ, ㄲ은 입 안쪽에서 나는 소리입니다. 혀의 뒷부분이 입천장과 닿는다고 말해주세요.

1. 모음 '으', '이'와 결합한 소리 연습하기

   — 아그/아기, 그아/기아

   — 이그/이기, 그이/기이

   — 우그/우기, 그우/기우

   — 에그/에기, 그에/기에

   — 오그/오기, 그오/기오

2. ㄱ으로 시작하는 낱말 연습하기

   — 가게, 가방, 가수, 가시, 가위, 가지, 개구리, 개미, 거미, 거북, 거울, 거품 등

3. ㅋ과 ㄲ 연습하기

   — ㅋ, ㄲ은 좀 더 강한 소리입니다. ㄱ과 소리 내는 방식이 유사하므로 혀의 뒷부분이 입천장과 닿게 발음해봅니다.

활동 5 ㄹ 소리를 연습해요

아이들의 자음 발달에서 가장 나중에 완성되는 소리입니다. 받침일 때와 첫 음으로 쓰일 때 조음 방법이 달라요. 받침일 때 발음하기가 더 쉽습니다.

❶ ㄹ이 받침소리일 때 소리 연습하기

— 아알, 이일, 우울, 에엘, 오올

❷ ㄹ이 첫소리일 때 소리 연습하기

— 아라, 이리, 우루, 에레, 오로

— 라아, 리이, 루우, 레에, 로오

❸ ㄹ이 들어간 낱말 연습하기

— (받침) 귤, 달, 말, 발, 물, 별, 불, 뿔, 칼, 거울, 교실, 눈물, 마늘, 바늘, 양말 등

— (첫소리) 라디오, 라면, 레몬, 레슬링, 로봇, 로켓, 리본, 리어카, 램프, 러닝셔츠, 렌즈 등

활동 6 ㅅ 소리를 연습해요

ㅅ은 입천장에 혀가 닿을 듯 말 듯 내는 소리입니다. 우리말 존칭과 시제에 많이 쓰이지만 소리 내기가 상대적으로 어려운 음소입니다.

❶ 모음과 결합한 소리 내기

— 아스, 아시, 아세, 아서, 아소, 아사

— 스아, 시아, 세아, 소아, 사아

❷ ㅅ으로 시작하는 낱말 연습하기

— 사과, 사다리, 사람, 사슴, 사이다, 사자, 사진, 사탕, 새우, 서랍, 세수, 소, 소금 등

❸ ㅅ, ㅈ, ㅊ 연속으로 발음하면서 차이 인식하기

— 스즈츠, 시지치, 수주추, 세제체, 소조초, 사자차

활동 7 콧소리를 조절해요

말소리를 잘 내려면 콧소리와 입소리를 구별하고 공기의 흐름을 통제할 수 있어야 합니다. 연습을 하되, 콧소리가 심한 경우는 이비인후과에 가서 '비인두'라는 기관의 기능을 검사받아야 해요.

1. 호흡 조절하기
   — 코로 들이마시고 입으로 내쉬기(4회) → 입으로 들이마시고 코로 내쉬기(4회)
2. 콧소리와 입소리 교차 발성하기
   — 음파(4회) → 파음(4회)
   — 마바(4회) → 바마(4회) → 압암(4회) → 밥밤(4회)
3. 콧소리 없이 받침소리 내기
   — 밥, 삽, 컵, 탑, 톱, 발톱, 배꼽, 장갑, 케첩, 냅킨, 클립, 입술, 접시 등
   — 꽃, 낫, 못, 붓, 솥, 빗, 그릇, 버섯, 비옷, 씨앗, 연못, 젓소, 칫솔, 숟가락 등

활동 8 받침소리를 연습해요

받침은 말소리 전체에 영향을 미쳐서 빼고 발음하면 알아듣기가 어렵습니다. 우리말에서 받침소리는 모두 7개예요. 모음과 결합해 연습하고 그다음에 낱말로 연습합니다.

1. ㄱ 받침 연습하기
   — 아악, 이익, 우욱, 에엑, 오옥
   — 가가각, 기기긱, 구구국, 게게겍, 고고곡

② ㄴ 받침 연습하기

— 아안, 이인, 우운, 에엔, 오온

— 나나난, 니니닌, 누누눈, 네네넨, 노노논

③ ㄷ 받침 연습하기

— 아앗, 이잇, 우웃, 에엣, 오옷

— 다다닷, 디디딧, 두두둣, 데데뎃, 도도돗

④ ㄹ 받침 연습하기

— 아알, 이일, 우울, 에엘, 오올

— 라라랄, 리리릴, 루루룰, 레레렐, 로로롤

⑤ ㅁ 받침 연습하기

— 아암, 이임, 우움, 에엠, 오옴

— 마마맘, 미미밈, 무무뭄, 메메멤, 모모몸

⑥ ㅂ 받침 연습하기

— 아압, 이입, 우웁, 에엡, 오옵

— 바바밥, 비비빕, 부부붑, 베베벱, 보보봅

⑦ ㅇ 받침 연습하기

— 아앙, 이잉, 우웅, 에엥, 오옹

전문가의 Tip

Q 소리가 불분명한가요?

→ 자세를 바르게 교정해주세요: 허리를 펴고 앉아 얼굴과 목이 일직선이 되게 하세요. 목이 꺾이면 소리 내기가 어렵습니다.

→ 입을 다물어주세요. 입을 연 채로 숨을 쉬면 침이 고여서 소리가 탁해집니다.

Q 연습을 지루해하나요?

→ 발음 연습 때문에 스트레스를 받지 않도록 강도와 시간을 조절해주세요.

→ 다그치지 않아야 합니다. 자기 소리를 의식하면 발음이 더 안 좋아집니다.

Q 진전이 없나요?

→ 3~6개월 연습해도 달라지지 않으면 전문가를 찾아주세요.

PLAY

40

더듬지 않고 말하기

말더듬은 언어가 급속도로 발달하는 만 3~5세에 잠깐 나타났다가 대부분 사라집니다. 아이가 말을 더듬을 때 똑바로 말해보라고 다그치거나 눈치를 주면 증상이 악화됩니다. 말을 더듬지 않으려면 편안하게 말을 시작할 수 있어야 해요. 말할 때 목에 힘이 들어간다거나 너무 빨리 말하면 말을 더듬을 가능성이 많습니다. 다음을 참고해서 연습하되 3~6개월 이상 증상이 지속되거나 얼굴이 빨개지고 발을 구르는 등 이상 행동이 함께 나타난다면 꼭 전문가와 상담하세요.

+ **목 표** + 말 막힘 없이 소리 내기

+ **연관 자료** + 《말문이 터지는 언어놀이》 230쪽

활동 | **편안하게 호흡해요**

1. 코로 들이쉬고 입으로 내쉬어요(8회).
2. 입으로 들이쉬고 코로 내쉬어요(8회).
3. 코로 들이쉬고 입으로 내쉬어요—입으로 들이쉬고 코로 내쉬어요(8회).

활동 2 ㅎ음을 연습해요

말더듬 아이들은 목에 힘을 주면서 말하는 경향이 있어요. ㅎ 소리로 공기의 흐름을 조절하는 연습을 하면 말더듬 개선에 효과가 있습니다.

① 1음절 연습하기

— 하, 해, 히, 호, 후, 허, 흐

② 2음절 연습하기

— 아하, 애해, 이히, 어허, 오호, 우후, 으히

③ 3음절 연습하기

— 아헤히, 에후호, 이헤하, 오히허, 우허하, 어흐호

④ ㅎ으로 시작하는 낱말 연습하기

— 하모니카, 하트, 학교, 한강, 한복, 할머니, 할머니, 할아버지, 함박눈, 항아리, 해바라기 등

활동 3 첫 음을 길게 말해요

말더듬은 첫 음에서 자주 발생해요. 첫소리를 길게 빼서 말하는 연습을 해요.

① 음절로 연습하기

— 아~하, 애~해, 이~히, 어~허, 오~호, 우~후, 으~히

— 아~헤히, 에~후호, 이~헤하, 오~히허, 우~허하, 어~흐호

② 낱말로 연습하기

— 하~모니카, 하~트, 학~교, 한~강, 한~복, 할~머니, 할~아버지, 함~박눈, 항~아리, 해~바라기 등

③ 문장으로 연습하기

— 옛~날 옛날 어~느 마을에 토~끼가 살~았어요. 그~런데 어~느 날……

활동 4 말하는 속도를 조절해요

말더듬 아이들은 말을 빨리 하려는 경향이 있습니다. 말하는 속도를 조절해요.

① 메트로놈(또는 메트로놈 앱)의 박자에 맞춰 말하기

— 옛 ∨ 날 ∨ 옛 ∨ 날 ∨ 어 ∨ 느 ∨ 마 ∨ 을 ∨ 에 ∨ 토 ∨ 끼 ∨ 가 ∨ 살 ∨ 았 ∨ 어 ∨ 요. 그 ∨ 런 ∨ 데 ∨ 어 ∨ 느 ∨ 날……

— 옛날 ∨ 옛날 ∨ 어느 ∨ 마을에 ∨ 토끼가 ∨ 살았 ∨ 어요. 그런데 ∨ 어느 ∨ 날……

② 손으로 박자 맞추며(일정한 간격으로 책상을 두드리며) 말하기

— 옛 ○ 날 ○ 옛 ○ 날 ○ 어 ○ 느 ○ 마 ○을 ○ 에 ○ 토 ○ 끼 ○ 가 ○ 살 ○ 았 ○ 어 ○ 요. ○ 그 ○ 런 ○ 데 ○ 어 ○ 느 ○ 날……

— 옛날 ○ 옛날 ○ 어느 ○ 마을에 ○ 토끼가 ○ 살았 ○ 어요. ○ 그런데 ○ 어느 ○ 날……

전문가의 Tip

Q 아이가 힘들어하나요?

→ 조금씩 여러 번에 걸쳐서 연습하세요. 다그치고 혼내면 말더듬이 강화될 수 있습니다.

Q 진전이 없나요?

→ 3~6개월 연습해도 달라지지 않으면 전문가와 상담하세요.

PLAY 41

산만한 아이, 집중하기 연습

산만한 아이들은 말을 흘려듣거나 보이는 것을 지나치는 경향이 있습니다. 말소리 대상 혹은 시각적 대상에 집중하고 하나의 활동을 오래 지속하는 연습이 도움이 될 수 있어요.

+ 목　　표 + 시청각적 집중력 향상하기

+ 연관 자료 + 《말문이 터지는 언어놀이》 249쪽

활동 | **형태가 다른 것을 골라내요**

색이 다른 알갱이들을 섞은 후 탁자나 신문지 위에 흩어놓습니다. 지시한 색을 모두 찾아내면 종을 쳐요. 가장 많이 골라내는 사람이 이깁니다. 누름종, 검은콩, 노란 콩, 팥, 바둑알, 컬러 초콜릿 등을 준비하세요.

1. "검은콩을 찾아요." → 다 찾은 사람은 종을 쳐요.
2. "노란 콩을 찾아요." → 다 찾은 사람은 종을 쳐요.

3. "팥을 찾아요." → 다 찾은 사람은 종을 쳐요.
4. "하얀색 바둑알을 찾아요." → 다 찾은 사람은 종을 쳐요.
5. "검은색 바둑알을 찾아요." → 다 찾은 사람은 종을 쳐요.
6. "초록 초콜릿을 찾아요." → 다 찾은 사람은 종을 쳐요.

활동 2 본 것을 기억해요

그림 카드 세 장을 뒷면이 보이도록 깔아둡니다. 한 장씩 뒤집어 보고 이름을 말한 뒤 다시 뒤집어놓습니다. 모두 확인했다면 세 개의 이름을 차례대로 말합니다. 점점 카드 수를 늘려갑니다. 가장 많은 카드를 기억한 사람이 이깁니다.

1. ■ ■ ■ → 물개—사슴—돼지
2. ■ ■ ■ ■ → 물개—사슴—돼지—고양이
3. ■ ■ ■ ■ ■ → 물개—사슴—돼지—고양이—닭

활동 3 듣기에 집중해요

소리나 구절, 문장을 듣고 대답함으로써 청각적 주의 집중력을 강화하는 놀이입니다. 스마트폰에 저장된 소리나 사진을 이용합니다.

1. 개 짖는 소리를 들려줍니다. → "뭘까요?" → 아이가 대답해요.
2. 구급차 소리를 들려줍니다. → "뭘까요?" → 아이가 대답해요.
3. "밀면 높이 올라가는 게 뭐예요?" → 놀이터 사진을 보여줍니다. → 아이가 대답해요.

④ "하늘에 떠 있고 바람이 불면 흘러가는 게 뭐예요?" → 풍경 사진을 보여줍니다. → 아이가 대답해요.

⑤ "자전거 타고 가는 사람 뒤에 있는 게 뭐예요?" → 길거리 사진을 보여줍니다. → 아이가 대답해요.

활동 4 들은 내용과 행동을 기억해요

설명 듣고 대답하기입니다. 말하기 전에 반드시 종을 치고 대답해야 합니다. 누름종을 사용합니다.

① "멍멍 소리 내는 것은 뭘까요?" → 종을 치고 아이가 대답해요.

② "검은 줄무늬가 있고 다그닥다그닥 달리는 게 뭘까요?" → 종을 치고 아이가 대답해요.

③ "불이 나면 출동하는 게 뭘까요?" → 종을 치고 아이가 대답해요.

④ "동그랗고 빨간 과일은 뭘까요?" → 종을 치고 아이가 대답해요.

⑤ "종이를 자를 때 쓰는 것과 글씨를 지울 때 쓰는 것은 무엇과 무엇일까요?" → 종을 치고 아이가 대답해요.

Q 집중하는 걸 어려워하나요?

→ 칭찬이나 보상물을 활용해 성취감을 느낄 수 있도록 해주세요.

→ 콩 대신 단추를 사용하거나, 짧은 문장에서 서서히 긴 문장으로 확장하는 식으로 난이도를 조정하세요.

Q 연습 시간을 내기가 어려운가요?

→ 일상의 활동에 응용하세요. 양말 짝 맞추기, 노래 가사 외우기 등이 훌륭한 연습이 될 수 있습니다.